心理学普识系列

重新定义九型人格
了解性格背后的冲动模式

徐一博 —— 著

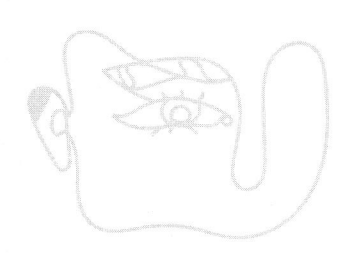

中国人民大学出版社
·北京·

图书在版编目（CIP）数据

重新定义九型人格：了解性格背后的冲动模式 / 徐一博著. -- 北京：中国人民大学出版社，2021.7
ISBN 978-7-300-29442-1

Ⅰ. ①重… Ⅱ. ①徐… Ⅲ. ①人格心理学－通俗读物 Ⅳ. ①B848-49

中国版本图书馆CIP数据核字(2021)第103961号

重新定义九型人格：了解性格背后的冲动模式

徐一博　著

Chongxin Dingyi Jiu Xing Renge：Liaojie Xingge Beihou de Chongdong Moshi

出版发行	中国人民大学出版社		
社　　址	北京中关村大街31号	邮政编码	100080
电　　话	010-62511242（总编室）	010-62511770（质管部）	
	010-82501766（邮购部）	010-62514148（门市部）	
	010-62515195（发行公司）	010-62515275（盗版举报）	
网　　址	http://www.crup.com.cn		
经　　销	新华书店		
印　　刷	天津中印联印务有限公司		
规　　格	148mm×210mm　32开本	版　次	2021年7月第1版
印　　张	6.75　插页1	印　次	2021年7月第1次印刷
字　　数	133 000	定　价	59.00元

版权所有　　　侵权必究　　　印装差错　　　负责调换

推荐序

我和一博认识很多年了，我知道一博一直在他的专业上精进不懈，也常常看到他开展课程的消息。我总会对身边的朋友说，一博思路清晰、博学多闻。当我阅读一博的《重新定义九型人格：了解性格背后的冲动模式》这本书的时候，我发现一博正是发挥了他思考缜密的强项，使整本书的布局层层递进，纵横相连，一气呵成。

我很喜欢这本书中出现的很多比喻，它们能让人的脑中出现具体的影像，使得所要传递的概念更加清晰，例如，"**只要拥有地图，就能更好地知道如何走向自己想去的地方！**"

当你看到这句话的时候，脑海中会出现什么？是曾经的旅行，还是其他的什么？

人们往往都会对了解自己很感兴趣，网络上也有一些心理测验，很多人都抱着试试看、玩一玩的心态去做测验，但这些测验结果很快就被忘记了。因此，这些测验结果也不会对我们的生活与工作带来启发和影响。

一博说："**如果不了解自己，就像只听到水滴答滴答，却不知道水管哪里漏了，让人觉得很烦，想解决却又束手无策。**"

一博写这本书的目的就是，通过对人格的深入学习，通过一系列觉察训练，逐步了解自己的人格运作情况，并以此知道该如何让自己变得更好。

是的，仅仅知道自己是个什么样的人是不够的，为了充分认识自己，我们更希望有一些指引能让我们变得更好。

分析也许可以帮助你接近真相，但是只有真实的感知才是真相。其他的人格分类能够帮助我们"分析"一个人是什么样子，而九型人格则可以帮助我们"看见"一个人是什么样子。九型人格就是一个关于"看见"的学问，而不是关于"分析"的学问。因为九型人格的诞生和其他人格类型的诞生最重要的差别在于：九型人格诞生于日常观察，而不是理论假设。这本书就是这么接地气，是实实在在的引导构成了这本书的架构基础。

在本书的第二部分，有九章内容介绍九型人格的各种类型，每章都会介绍每一种人格类型的运作模型。除此之外，最重要也最实用的部分是**人格觉察和提升练习**，包括在**行动阶段**、**体验阶段**、**触发阶段**需要注意的问题和改进建议。

情绪冲动往往让我们做出冲动的事情，并影响了人际互动与事情的结果，这不是我们所乐见的，甚至会对我们造成困扰。如何透过觉察提升我们自己的效能，是本书可以为你带来的帮助。

如果想要自我了解、自我成长，可以将本书作为一个很好的指引；如果你是一位助人者，那么本书就是一个能帮你很好地了解来访者的指南。

看了我的介绍，你是不是很想翻开这本书细细阅读？如果是，那就对了。心动不如行动！

萨提亚家庭系统治疗资深讲师
隐喻故事疗法资深讲师

自 序

牵引人生的力量

太阳牵引着地球,太阳上的一点变化,都会给地球带来巨大的影响;人格牵引着人生,人格上的一点变化,都会让人生发生改变。

这句话,可以用来概括我的人生经历。我将我的经历分为三个阶段,分别是:在黑暗中前行,看清前路,传递火种。

在黑暗中前行

我出生在黑龙江的一个偏远农村,我的父母都是在农村出生、长大。父亲因为上了军校,后来在吉林省某城市的驻地部队服役,我4岁才跟随母亲来到父亲的部队所在的城市。我13岁时,家里买了部队集资建的房子,我才开始和父亲住在一起,之前一直都是母亲单独带我。

我最初以为和父亲住在一起,一家人团聚会是一件很幸福的事情,没想到就是从那时起,我的生活开始如同在黑暗中前行。这种说法看似有些恐怖,其实并不是我父亲多么可怕,他没有恶习,也没有殴打过我,而是我第一次开始觉得与人相处是一件很难的事情。和父亲的频繁争吵好像一种挥之不去的阴霾，让我感觉人生如此灰暗。

为什么我的父亲无法理解我？

为什么我难以接受父亲的言辞？

我拼命思考这两个问题，却从未想出答案。

在那段艰难的岁月，我甚至想过借助某种极端的方式逃离这种生活，但是一想到悉心照顾我的母亲，就决定还是要好好地活下去。

这可能是促使我学习心理学最原始的动力，这个动力强大到让我从高二开始就对学习心理学充满热情，那股劲头可以用"废寝忘食""不舍昼夜"来形容。

我常常试着用我学到的心理学知识去改善我和父亲的关系。结果，我每次都是满心期待地去尝试，得到的却是满心的失落。我曾一度怀疑，我和父亲的关系是不是宛如顽疾，永远都找不到办法医治。

看到这里，有人可能会觉得本书所写的九型人格根治了我和父亲的关系的顽疾。其实，在2010年我初学九型人格时，我将其用在我和父亲的沟通中后，还是一样的无效。

其实这并不奇怪，因为现实世界并不是为我们的主观渴望而打造的，现实也不会因我们的主观意愿而改变，除非能做出有效的行动。这就好像玩九连环一样，如果我们不知道如何解开它，那么不论我们多么渴望，面对的还是那个锁死的九连环。很多人生问题都很像九连环，即便方向正确，只要没有找到真正有效的方式，最终就还是无法解决。

真正帮助我看到该如何解决问题的人，是我的母亲。

我最初和母亲聊过我对父亲人格类型的判断，虽然母亲内心怀疑，但是当时并没有告诉我。我带着这样的错误判断，自负地认为自己的判断是正确的。因此，虽然我采取了针对那种人格类型的沟通方法，但结果无效。

2012年的一天，当我和母亲闲聊时再次提到我父亲的人格类型，我说出了自己的疑惑：为什么我使用针对那种人格类型的沟通方法完全无效？这时，母亲对我说，她觉得父亲可能不是我之前判断的那种人格类型。

经过和母亲一系列的探讨和后续的观察，我否定了之前主观的、以偏概全的判断。我开始接近父亲实际的人格类型，而这确实帮助我开启了人生的下一个篇章。

看清前路

从那时起，我好像开窍了。

当然，并非那种神话般的骤变，我和父亲还是会争吵。然而，与以往最大的不同是，以前我不知道这种争执为何会发生，但如今我能够慢慢看清争执是如何产生的，能明白争执的全过程是如何发生的。如果说以前我是在黑暗中前行，如今我则能看清前路。虽然我还没有走到目的地，但是看清前路给我带来了巨大的希望。

经过不断地学习，我了解到人有不同的人格类型，每种不同类型的人会有各自的核心渴望，人们又能在核心渴望的驱使下看到世界的不同面，从而追求不同的生活方向和行为方式。也就是说，人与人之所以会发生争执，是因为不同的人格类型在沟通时产生了误解。

我和父亲的关系不佳，原因既不在我，也不在父亲，而是因为沟通过程本身出了问题。因为各自渴望的不同，我们会扭曲对方的话语，无法真正理解对方的核心渴望，最终导致鸡同鸭讲的沟通困境。

从这以后，我不断地做着这样的努力：试图让父亲不仅仅能明白我的话语，还能明白我的渴望；试图透过父亲的话语理解他的渴望；试图在创造相互理解的基础上，找到能够同时满足我们不同渴望的方案。

慢慢地，我和父亲的争吵减少了。不仅如此，当我把这个方式用在帮助父亲和母亲的沟通上后，他们的拌嘴、摩擦也慢慢减少了。

也许我还没有走到目的地，但是已经在这条路上走了很远，让我越来越能够感受到人生的幸福。

传递火种

在我看来，本书不仅仅是一本书籍，它更像一颗火种。通过本书，我想将我生命中逐渐燃起的幸福之火的火种传递给你。

然而，知识和智慧的传递并非像递送一个火折子一样，拿走、点火那么简单。本书更像是一张施工图纸，我们还需要按照图纸自己去搭建好完整的屋子，这样才能用它遮风挡雨，在里面开始渴望已久的幸福生活。

本书记载的是我过去 10 年修习九型人格所得的实地知识，它和大多数理论性书籍有如下显著的差异。

1. 本书不是以概念和论述搭建的知识系统，而是以实地发生和描述呈现搭建的描述系统。

概念和论述是抽象地构建知识的方式，目的是为了让人们理解某个现象背后的原理。本书描述式的语言鲜活呈现了这些人格现象，以帮助我们看到人格现象实地发生的全貌。

2. 本书的关注点不在于认识和分析，而在于看清和操作。

大多数知识都是在教人们发现问题、分析问题，并在此基础上去

自 序
牵引人生的力量

解决问题。然而，通过这种抽象方式得到的分析性成果却严重缺乏实际操作性，往往会导致知道却难以做到。针对现实生活，基于抽象的符号建构的知识难以形成有实际操作性的具体行动方案，而本书将提供具体的实地讲述的归纳性知识，实地原貌性（即与现实高度吻合）地描述人格心理过程和不同类型的人格心理过程，实际操作性（即能够指导实际操作）地呈现人格觉察过程和人格提升过程，最终帮助我们真正解决问题。

3. 掌握本书内容的方式不建议采用抽象性理解的方式，而建议采用实地性感知的方式。

抽象性理解就是将现实情况压缩成符号的方式来掌握知识，其大致过程是将过程性知识压缩为结论性知识，将生动的全息图简化为静态的素描画，因而可能丧失呈现和指导动态生活的能力；学习实地的知识就像照着菜谱学习厨艺一样，必须完整地彻底地实地性感知整个过程及其每个具体环节，这样才能有效地掌握本书关于看清和操作的实地知识。

4. 本书力求尽量不使用论述性表达方式，而更多地采用描述性、结构性语言方式和隐喻性表达方式。

论述性表达方式是一种推理性的语言构建方式，一般的表述形态是作者运用大量的例证证明其核心理论的真理性或正确性，再将这些核心理论匹配现实生活以重构对现实的理解，这种方式带来了理论的简约性（即容易在头脑中理解和掌握），却也同时造成了这种理论与复杂现实间的不吻合性（即难以与现实高度吻合，因而无法充分指导实际操作）；就像厨师无法依照一个理论做好菜一样，真正能够指导厨师操作的是每一道菜的具体做法，能够呈现具体做法的三种表达方式，分别是描述的（即此时的人类感官系统中接收到什么信息）、结构的（即整个过程都分为哪些发生阶段）和隐喻的（即运用容易感知事物的内在结构直观地呈现出难以感知事物的内在结构）。本书写作方式的特色之一，也是建立在这种表达技术上的。具体而言，就是在介绍每个现象时，首先运用隐喻性和结构性的表达呈现整体样貌，再通过描述性表达去呈现具体细节，以帮助你更好地把握本书内容。

上述关于知识形态、表达方式等属性的具体设定，就是为了能够让本书内容能够具备实地原貌性（与现实高度吻合）和实际操作性。

从上述两个原则的角度来俯瞰本书内容，可以这样总结：本书关于人格的实地知识指向的描述对象分别是两个现象性描述对象，即人格心理过程和不同类型的人格心理过程；两个操作性描述对象，即人格觉察过程和人格提升过程。它们交织成了本书内容（详见表1），这个表格也可以当作本书的导航地图来使用。

表 1　　　　　关于人格的实地知识的描述体系

章节	现象性描述对象	操作性描述对象
第 1~5 章	描述人格心理过程的基本现象、基本过程和相关要素	第 3 章描述对人格心理过程的操作流程，主要是对人格觉察过程进行详细的描述，并指出觉察和提升的整体关系
第 6~14 章	人格运作模式详细描述不同类型的人格心理过程的细节，比如人格运作的完整心理过程、具体生活现象和案例、人格运作的信号（内在的运作痕迹）、生活实际影响等	人格觉察和提升练习针对第 3 章描述的人格心理过程的三个阶段——触发阶段、体验阶段和行动阶段进行了针对性地扩展性描述。具体而言，就是针对每种人格类型，细节性地描述每个阶段人格开始运作的觉察信号（人格觉察过程），以及在觉察到人格运作之后的有效改善手段（人格提升过程）

希望这个框架性的介绍可以帮助你更好地了解本书提供的人格领域的实地知识，并能够让你通过运用这些知识，一步一步地真正改善

生活。

  研究九型人格、书写九型人格的知识和心得、做九型人格的培训，这些并非我的本职工作，而是出于我对九型人格的热爱，因为它让我的生活更加幸福了。同时，我也希望这本书能够引导你走向更加幸福的生活。如果你真的因此变得更加幸福了，希望你能和我分享喜悦。

  也许并非一路坦途，但我会一直陪着你走下去。

徐一博

目　录

第一部分　认识人格冲动 / 1

第1章　人格是什么：是特质，还是冲动 / 2

第2章　人格的真面目：从看见人格到看清人格运作瞬间 / 24

第3章　认识冲动家族：人格冲动是一种什么样的冲动 / 38

第4章　探索多层的"我"：渴望、冲动和表达是什么关系 / 52

第5章　冲动的多样化表达：同一种冲动，多种多样的表达 / 62

第二部分　九种人格冲动 / 75

第6章　1号秩序型：让一切都井井有条 / 76

第7章　2号照料型：让每个需求都被及时响应 / 90

第8章　3号进取型：做出更加理想的表现 / 103

第9章　4号求真型：活出真实的自己 / 117

第10章　5号洞察型：看透自己感兴趣现象的原理 / 131

第11章　6号多虑型：考虑周全以更有把握 / 145

第 12 章　7 号趣味型：让生命体验变得好玩有趣 / 159

第 13 章　8 号突破型：突破一切障碍，一往直前 / 173

第 14 章　9 号平静型：远离烦扰，享受心灵的宁静 / 186

后　记 / 201

第一部分

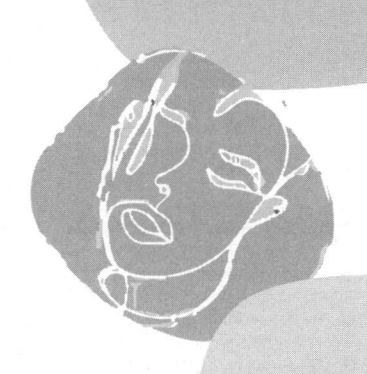

认识人格冲动

第 1 章

人格是什么：是特质，还是冲动

我们为什么要了解自己

如果不了解自己，就像只听到水滴答滴答，却不知道水管哪里漏了，让人觉得很烦，想解决却又束手无策。

人在出生后就一直在试图了解自己，不论是通过父母的反馈、别人的评价，还是心理测试。人类想尽办法、创造各种手段来了解自己：

- 为了了解自己的长相，人类发明了镜子；
- 为了了解能力，人类发明了考试；
- 为了了解身体的状况，人类发明了各种体检项目；
- 为了了解智商，人类发明了智力测验；
- 为了了解心理状态，人类发明了一系列心理测验。

人类为什么如此热衷了解自己呢？

如果一件事人们从古至今一直都在做，那么这件事一定有非常强大的力量，在推动着人们热衷去做。

以最简单的照镜子为例，通过了解自己，我们能获得什么？我们在穿衣服时照镜子能看到自己穿衣服的样子，我们可以根据这个样子（现状）了解自己哪里需要改善、该如何改善。镜子为我们提供的反馈让我们知道现在的搭配效果如何,这也成了让我们了解是否需要调整的基础。

如果我们不了解自己的实际状况,就无法清晰地知道问题出在哪儿,从而难以改善现状、让生活变好。由此可见,人类之所以一直热衷于了解自己,是因为想要更加准确地了解现状,以了解是否需要调整和改善,并基于这些信息为改善提供方向。这也是我写本书的目的,即帮助你通过深入学习有关人格的知识,并借助一系列觉察训练,逐步了解自己的人格特点及其对自身的影响,知晓如何让自己变得更好。

为什么不说"性格"而说"人格"

如果把人格比作太阳,那么性格就是整个太阳系。

人们常常会用"这个小伙子性格不错"来评价一个脾气好的年轻人,而不是说"这个小伙子人格不错"。

不仅如此,如果你去网上书店搜索,就还会发现非专业心理学书籍多用"性格"这个词,而心理学专著则常用"人格"这个词。这两个词的差异如表 1–1 所示。

表 1–1　　　　　　　　　性格与人格的差异

性格	人格
比"人格"的概念更宽泛,是在人格基础上发展出来的,同时受到了文化、职业等各种因素的影响,最终形成的个性的综合体现	比"性格"的概念窄
更多描述的是他人外在感知的情况,是一个综合性的外在状态	更多描述的是个人内在运作的过程,是一个单纯的内在过程
存在好坏,具有社会评价的属性	不存在好坏,只是一种心理属性

可以用一个比喻来总结二者的差异：人格就像材质，性格则像是这个材质被塑造成了什么样子。

> 如果说人格是木材，那么性格就是家具。

因此，在探讨人格时，就如同在探讨不同木材的材质有什么区别，是在讨论每个人的本质有什么区别，而不是每个人被塑造成了什么样子，以及这些样子有什么区别。因此，我们探讨的其实不是内在心理这栋大楼的样子（即性格），而只是在探讨这栋大楼的地基（即人格）。

人格是性格的内核，只要人格得到了成长，性格就会发生变化。这就好比一双皮鞋，只要皮质得到了改善，那么整双鞋看起来都会显得非常光亮。你需要根据皮质的特性来选择不同的保养方法，而不是根据这张皮是被做成了皮包还是皮鞋。

因此，本书努力的方向并非改善性格，也不是要把你从一双鞋变成其他皮具或是更加新潮的款式；而是帮助你让人格获得成长和完善，即提升皮质。也就是说，本书将对于自我了解的方向聚焦于人格，而人格的成长和完善将使性格发生全方位的改变，这终将引发人生的改变。

各种各样的人格理论

> 一千个人眼中有一千个哈姆雷特，一千个心理学家眼里也许有一千种人格理论。

从古至今，人们一直在创造着各种各样的人格理论，既有中国的命格、面相、手相学说，还有西方国家的颅相学、希波克拉底的体液学说，也包括流行于大众的血型说、星座说，还有如今心理学家们所研究出的各种人格学说。

通过这些不同的学说，我们能看出人们一直都相信，有各种各样的元素会影响人们的人格，人们可以通过辨析这些元素的不同了解人格的不同。

这些具体的元素包括（当然不只这些）：头颅、出生时间、长相、手相、体液、血型、基因、环境、家庭、教养、社会、文化、经历等。只要有一种可以被区分出差异（"不同"）的特点，就可以把它和人格联系在一起，并形成一种独特的人格理论。

> 能区分哪些是有用的、哪些是胡扯，是一种智慧。

经过时间和历史的检验，头颅、出生时间、长相、手相、体液、血型等元素和人格基本没什么关系；而基因、环境、家庭、教养、社会、文化、经历等元素则和人格具有相关性。

人格的不变性和可变性

> 假如你的人格是一颗杨树种子，你的内心就不可能长成一棵柳树的样子；但是养分的多少能够决定你会成为一棵茂盛的杨树，还是枯萎的杨树。

我们可以认为，幼年时期的人格在基因和幼年环境的共同作用下形成一颗种子，而这颗种子决定了成年时期的人格及其特定的人格运作模式。

因此，人格既具有不变性，又具有可变性。不变性是因为人格基调和基本模式是固定的，这些已经被基因和幼年经历设定好了；可变性是因为人格的成熟程度和社会适应程度是可以通过修炼和成长实现调整和提升的。"三岁看大，七岁看老"这句话说的就是人格的不变性。但人的命运其实也掌握在自己手中，这就是指人格的可变性，两者并不冲突。

> 每个人都只有一种人格类型，但是这种人格类型的状态和表达方式可以通过努力得到调整。

在人格的不变性和可变性的基础上，我们确立了本书第一个关于人格的基本原则——每个人都只有一种人格类型。

在本书的九型人格体系中，这是一个很重要的原则，即你不可能这两天是 1 号，过几天又变成 3 号，幼时却是 9 号。

因此，我们想要了解的对象是相对稳定的，很容易就能观察到。虽然人格类型的状态和表达方式会在不同的时间因不同的情况有所波动，但是通过了解哪些因素会影响人格类型的状态和表达方式，可以帮助我们发现这些波动会对生活造成什么影响。

在本书中，自我觉察就是了解相对稳定的人格类型状态和表达方式，了解人格类型状态和表达方式的波动则是更加深入的自我觉察。而通过这两种不同层面的自我觉察，我们就可以了解到一个立体而动态的人格，进而就可以清晰地知道：需要在哪里调整？朝哪个方向调整？如何调整？这就是自我觉察和成长的意义。

特质论的来龙去脉

> 从古时的占卜开始，人格就被设定成一种特质。

如果一个人在生活中遭遇逆境并挺了过来，我们可能就会说这个人有坚强的品质，这种品质就是一种特质。

一直以来，我们都是用一些特质来评价他人的。不论是算命说还是星座说，还是如今心理学家们使用的人格理论，都认为每个人身上有不同的特质。

比如，现代心理学的卡特尔 16 种人格因素问卷（16PF），就是卡特尔根据统计学分析，最终得出16种人格特质。和大五人格、迈尔斯-布里格斯类型指标（MBTI）、DISC测评等一样，都是根据不同人具有的不同特质来帮助我们了解人和人之间的不同。

特质论是一种方法论，为了明确特质论对人格理论的影响，我们首先需要了解什么是方法论，以及不同的方法论对九型人格的理论和实践会带来什么影响。

> 如果以疯子作为正常的标准，那么所有正常人都是疯子。

不同的思想假设会带来不同的方法论，用不同的方法去研究，最终也会得出不同的结论。

方法论就是关于人们认识世界、改造世界的方法的理论。根据这个定义，我们可以看出，方法论包括了认识世界的基本假设和改造世界的方法手段。

我们以缺陷论和天赋论为例来看看不同的方法论会带来什么影响。

缺陷论的基本假设是，一个人因为自身的某种缺陷而引发生活的某类问题。基于此，我们就会去寻找到底是哪种缺陷导致了这类问题的发生，然后再去想办法改善这种缺陷，最终以解决这类问题。如此看来，缺陷论的具体操作方法是找到缺陷、改善缺陷。

天赋论的基本假设是，一个人的成功和幸福都建立在把某种天赋发挥到极致的基础上。基于此，我们就会去寻找自己有哪些天赋，该如何去开发才能够发挥到极致，最终获得更加成功、幸福的人生。如此看来，天赋论的具体操作方法是找到天赋、发挥天赋。

> 这个世界不缺少美，但是缺少发现美的眼睛。

用缺陷论和天赋论去看待同一个现象是有差别的。以家庭教育为例，如果你是一个秉承缺陷论的家长，你就会寻找孩子的缺陷，并且通过教育，让孩子慢慢改善这种缺陷，这样他就能获得更加幸福的人生；如果你是一个秉承天赋论的家长，你就会寻找孩子的天赋，通过挖掘孩子的天赋潜能，让孩子慢慢变得强大，这样他就能获得更加幸福的人生。

> 一道菜放的调料决定了这道菜的味道，一个人有什么特质就决定了这个人的样子。

在人格研究领域，有一个方法论一直占据人格研究的主流，即上文中提到的特质论。特质论的基本假设是，每个人都有一些相对稳定的特点，这些特点就是特质。认识一个人最好的方式就是找到这些特质，以此深刻了解这个人，并预测其行为。

基于这个基本假设，自我觉察的焦点就是找到自己相对稳定的特点，以及这些特点对我们人生的影响。

我们通常会用归纳法来确定一个人具有什么特质。归纳法的基本思路是，如果一个人在 A、B、C 三个不同的时刻都表现出 X 特质，那么我们可以推论这个人具有 X 特质。这个科学方法的实证的思路是，如果在第 D、E 时刻我们仍然可以看到这个人表现出这个 X 特质，那么可以证实这个人真的存在 X 特质。

比如，我们看到一个人失恋后自己挺过来了，在生病的时候就很少需要别人的照顾；如果他在父亲去世后很冷静地操办了父亲的葬礼，那么我们可能就会认为这个人存在坚强的特质。尤其是如果这个特质后来在其他时候又得到验证，我们就会对这个人存在坚强这个特质更加深信不疑了。

可是，对于这个被广泛认可的特质论，著名心理学家沃尔特·米歇尔（Walter Mischel）却不大认同。

人格与情境有关吗

> 惧怕蛇的人,却热爱蹦极。

沃尔特·米歇尔的棉花糖实验应该是公众知晓的心理学经典实验之一了,这个实验揭示了延迟满足的能力对人生的巨大影响。当然,这并不是米歇尔全部的成就,只是米歇尔人格理论研究中的一个而已。

1958年,哈佛大学开展了一项性格测评调查问卷,问卷收集的数据并没有支持盛行的"人格特质一致性"理论。10年以后,米歇尔出版了《人格与测评》(*Personality and Assessment*)一书,指出传统人格理论关于"个体的行为在任何情境中都能稳定突显人格特质(如有责任心、善于社交)"的观点缺乏支持证据,认为个体的行为高度依赖于当时的情境。

关于人格与情境的关系,米歇尔的关于"儿童在一系列情境中的攻击性行为"的研究,推翻了根据特质论得出的"攻击性是一个稳定的人格特质"的看法。在这个实验中,米歇尔发现,孩子的反应基于与他人互动的细节。同一个孩子可能会强烈反抗老师的处罚,却在被另一个孩子的欺负时默不作声。

对旧方法论的质疑会带来新的思考,进而产生更加有效的新方法论——对缺陷论的质疑产生了天赋论,对特质论的质疑让人格心理学家开启了对情境的重视和思考。

情境和人格到底是什么关系呢?

比如,A超级热爱蹦极,但是每次见到昆虫、蛇就会非常害怕。那么,A是勇敢还是胆小呢?B在参加读书会的时候总是侃侃而谈,但是在生活中却惜墨如金,那么他是热情善谈的,还是冷漠寡语的呢？

对此，米歇尔指出，一个人稳定的人格特质也许不在任何情境中都有表达，人格确实是高度依赖情境的。

> 常识让我们知道水能结冰；科学研究让我们知道了水在什么条件能结冰，以及为什么能结冰。

为了检验人格和情境的关系，社会心理学家和研究团队们做了很多研究。

1. 关于为什么人们一直在运用特质来判断人的研究——自发特质推论倾向的研究

这是一项关于自发特质推论的研究，研究确认了人们存在这种倾向，该研究的基础假设是"人们可能忽略情境，自发地从行为推论特质"。比如，我们看见某人帮助老奶奶提东西过马路，就会自发地认为他乐于助人是真实的，这种推论出来的特质"乐于助人"会变成我们对这个事件的存储记忆的一部分。这项研究有众多的研究者，本书不在此详细列明。这项研究揭示了为什么数千百年来，我们会以特质作为人格的核心，并且自发地认为人格具有广泛存在的特质——跨情境和跨时间的行为一致性的品质。

2. 关于是否存在普遍特质的研究——跨情境和跨时间的行为一致性的人格特质的研究

1928年，哈特肖恩（Hartshorne）与梅（May）研究了关于诚实相关行为的一致性。该研究发现，从没人注意的桌子上偷钱的孩子，未必就会篡改分数，也就是说，并不存在跨情境的人格一致性，即"某种特质在这个情境中存在，就意味着在另一个情境一定存在"的观点是错误的。但是如果某个孩子会篡改分数，那么在隔一段时间之后，依然容易有篡改分数的行为，这表明某种特质在时间跨度上具有适度的稳定性。

1929年，西奥多·纽科姆（Theodore Newcomb）开展了一项更大范围的研究,这项研究是关于与外向有关的九个不同特质的跨时间和跨情境的一致性研究。研究发现了类似的现象:一个孩子在午餐时间喜欢讲话,并不能代表他在面对辅导老师的时候也会如此。这项研究同样证实了上述研究成果,即不存在统一的跨情境的特质。

这两项研究的结论告诉我们,特质不存在跨情境的行为一致性,但是存在适度的跨时间的行为一致性,这个结论成为以下实验的基础。在这两项研究之后,又有多项类似的研究展开,研究的结论都是一致的。这也就是为什么米歇尔会在1968年出版的《人格与测评》一书中,对特质论提出了强烈的质疑,并主张人格心理学家应该探究新的方法去描述个人和情境的因素是如何联合起来决定行为的。

3. 关于情境和行为关系的研究——行为—情境模式一致性的研究

1994年,米歇尔及其同事发表了一项研究报告。他们对参加为期六周的夏令营的53个有情感困扰的儿童的行为进行了研究,他们确定了五种有心理意义的情境,通过观察为每个儿童在五种情境下的行为创建了一个模式图,包含了这个行为在每种情境中的表现程度。通过对比在不同时期的模式图的稳定性,最终得出结论:尽管个人行为从一个情境到另一种情境的一致性是很低的,但是同一情境内的模式却很一致。这个研究结论证实了在同样的情境下,人们具有同一的反应倾向的特点。

1995年,他们对这项研究的数据进行更深入的分析后发现,参与者认为自己的行为是否具有一致性,和在同一情境下的观察数据的吻合程度是很高的,但是跨情境就失去了这种相关性。这说明在同一情境下,人们对自我认识的直觉是能够比较准确反应行为一致性的。

同年,他们关于外向程度也做了类似的实验,分别对三种情境(一对一、小群体和大群体)下的外向性程度的行为进行了研究,结果同样支持上述研究结论。

4. 关于人格识别的研究——行为片段准确性的研究

1992—1993年,安巴蒂(Ambady)和罗森塔尔(Rosenthal)的研究

表明，人们只要观察另一个人行为的片段（通常只需要看30秒的无声录像），就能相当准确地预测此人长期的行为表现。他们制作了三段时长为10秒钟的录像，经过研究发现，基于30秒非语言行为基础上的人格评估能够很好地预测教师的实际表现。

上述科学研究揭示了关于人格诸多有益的信息，我们可以得出如下结论。

- **关于人格**：并没有一个普遍（跨情境）的特质存在，但是在同一情境下存在一致性的行为反应模式，同时在时间维度上这种反应模式也具有一致性。
- **关于人格识别**：我们可以通过行为片段中的非语言信息识别出非常准确的人格信息，这些信息可以帮助我们预测这个人接下来的行为反应模式。

人格与情绪有关系吗

> 同一个人的同一句话，总能让你生气。

日常生活中有这样一种现象：使每个人生气的触发点好像是有一定规律的。比如，我很不喜欢被比较，只要有人拿我和别人比较，我就会生气。我还发现自己总会因为某些特定的事情而生气，而一些让别人生气的事却无法让我生气，身边的人也有这样的情况。

可能每个人都有不同的、使其生气的触发点，而且这个触发点是特定的、相对稳固的。我们假设，每个人的每种情绪的引发都有特定的触发点。

长期从事心理咨询工作，让我从现象学的层面上确认了这个假设的正确性——"每个人的情绪都存在特定的触发机制，在情绪被触发之后会引发特定的反应（集）。"比如，我的一位来访者在很多人面前讲话会感到非常紧张，不论这些人是陌生人、熟人还是亲人，都会唤起其紧张情绪。又如，另一位来访者每次在听到母亲用特定的声调讲话时，内心都会烦躁，然后就很容易和母亲发生冲突。

在探索这种机制存在的原因时，理查德·J. 戴维斯（Richard J. Davidson）和沙伦·贝格利（Sharon Begley）合著的《大脑的情绪生活：做情绪的主人，神经科学来教你》（*The Emotional Life of Your Brain: How Its Unique Patterns Affect the Way You Think, Feel, and Live-and How You Can Change Them*）给了我很多启发。这本书里介绍了"情绪风格"（emotional style）的概念，并对情绪风格做了以下阐述。

- 研究情绪的神经科学家数十年来的工作揭示出关于大脑情绪生活的一些根本性的东西：每个人的性格都可以由一系列被称为"情绪风格"的维度来刻画。
- 情绪状态通常只能持续数秒钟，往往由某种经验触发；能够持续数分钟、数小时乃至几天内保持不变的感觉，被称为心境；如果一种感受不仅仅会持续几天，而且会持续数年，它就成了某种情绪特质……一种情绪特质（习惯性的、一触即发的愤怒）会增加一个人经历某种情绪状态（狂怒）的可能性，因为这种情绪特质降低了该情绪状态的触发门槛；情绪风格指人们对生活经验做出反应的某种持续不变的方式。

拿愤怒情绪来举例。如果某人因为朋友迟到一小时生气，则他正处于愤怒的情绪状态；假如某人因为被别人骗了一万元钱生气了好几天，则他处于愤怒的心境；假如某人总是会因为一些大多数人都不太会生气的事情而生气，则他可能拥有易怒的情绪特质；假如一个人会因为某类事总产生某种情绪反应，那么这就是情绪风格。

可以说，我们的生活里有一些固定的情绪反应模式——情绪风格，这背后的过程可以通过詹姆斯·J.格罗斯（James J. Gross）创造的情绪"模态模型"来了解。

> 你也许不想生气，但是如果总有什么惹你，你就没办法不生气。

情绪风格不是凭空出现的，而是基于情绪产生的过程发展出来的。比如，你在早上起来时心情不错，可是在上班路上遇到某人开车不遵守交通规则，还差点撞到了你的车，这时你就会愤怒；如果这种情况是常态，那么当你以后再遇到类似的现象时，你都会迅速产生愤怒情绪，这就是情绪风格。

在这个例子里，我们可以看出情绪不是独立出现的，而是在某种情境中产生的反应。反应和情境高度相关，如果这个情境常常出现，并让人记忆深刻，那么这种情境–情绪反应就会变成一种无意识的关联状态，这种关联状态就是我们感知到的特定情境下的自动化情绪反应状态，即情绪风格。

格罗斯创造出的情绪模态模型（modal model）就是描述情绪过程的模型——任何情绪的产生都经历了这样的过程：情境→注意→评价→反应。这个模型简化后就是"情境→内心过程（注意和评价）→反应"。

比如，前文中的那位来访者在面对很多人讲话时很紧张，其情绪模态模型为：情境（面对很多人）→内心过程→紧张和焦虑带来的一系列反应。

这个可以描述情绪过程的模型能让我们深刻地理解情绪是如何产生的，以及情绪风格是如何形成的。著名情绪心理学家保罗·艾克曼（Paul Ekman）在《心理学家的面相术：解读情绪的密码》（*Emotions Revealed: Recognizing Faces and Feelings to Improve Communication and Emotional Life*）一书中，阐述了其对这个过程的更深入的研究。

> 如果说情绪是一个程序，那么情境就是启动这个程序的按钮，而自然进化法则才是这个程序的造就者。

关于情绪的产生，还有三个更加深入的问题：（1）什么样的情境能够引起内心过程？（2）在注意后进行评价的过程是什么样的？（3）具体会引起什么反应？这本书都给出了答案。美剧《别对我撒谎》(Lie To Me)就是基于艾克曼的理论并以艾克曼为原型的，剧中提到了艾克曼的一个著名理论：微表情可以让我们判断对方是否在说谎。

书中的部分观点如下。

1. 关于情绪是什么

情绪是一个特殊的自动评估的过程。这个过程受到演化和个人经历的影响，当我们感觉发生某种对我们幸福很重要的事情时，我们就会产生一系列生理变化和情绪性行为，通过这些行为让我们得以开始处理当前的情境。情绪开始的时候，会在几毫秒内掌控我们的行为、言语和思想。情绪让我们做好准备，以处理重大事件，而不需要思考该如何反应。情绪使大脑的一部分产生改变，促使我们处理引发情绪的原因；情绪也会改变自主神经系统，以调节心率、呼吸、出汗，以及许多身体的变化，让我们准备好做出不同的动作。情绪还会放出信号，改变我们的表情、神色、声音和身体姿势。这些改变一定会发生，我们无法加以选择。

2. 为什么会产生情绪

在产生情绪的那一瞬间，人所做的决定或评估是非常快速的，完全无法觉知。我们有一套一直在监测周遭世界的自动评估机制（自动评估群），查看是否发生严重影响我们的幸福和生存的事件。凭借检视情绪发生的时间和发生了什么，我们可以推测自动评估机制对什么事件敏感。

强有力的自动评估机制会不断扫描环境，在意识觉察之外，一直在注意与生存有关的主题和各种事件。以电脑做比喻，自动评估机制会一直搜索环境有没有符合存储在"情绪警戒资料库"的事件,这个资料库一部分是透过达尔文发展的物竞天择原则记录在生物信息里面,还有一部分是个人经验记录。

同类型的诱因会引发不同文化中的人的相同情绪,但是引发某种情绪的特定事件是有文化差异的。例如在每一种文化中,失落都是引发哀伤的重要诱因,但失落什么东西会引发哀伤,在各个文化中就有所不同。情绪反应的形成主要是受到演化的影响,引发情绪的共同主题很有可能是演化来决定的。这些主题是天生的,只有主题的变形和细节是学来的。

3. 如何确认情绪的发生

当我们陷入情绪时,在短短的几秒内会发生一连串变化,是我们无从选择也无法立即觉察的,包括脸部和声音的情绪信号、预先设定的行为、学习来的行为、自主神经系统调节身体的活动、相关记忆与期望的唤起,以及我们对自己和周遭世界的解释。

情绪性行为衍生出一套关于情绪的信号系统,这个系统有一个值得注意的特点,就是它总是"开启"的,随时准备播放我们感受到的每种情绪。情绪开始时几乎会立刻出现信号,例如,伤心时声音会自动变得较轻柔低沉,眉毛内缘会向上。表情是不可能藏住的情绪信号,声音的情绪信号可以通过不说话隐藏,但是只要开口讲话就无法隐藏。同时我们的身体也会由于情绪冲动,产生相关的身体动作,比如生气和某些种类的愉快,会有身体靠近情绪诱因的冲动;害怕时如果可以避免被发现,身体就会有僵硬不动的冲动,如果无法避免被发现,则会有逃开伤害源的冲动。

4. 情绪的共通性和表露规则的差异性

作者在 40 年的情绪研究过程中,曾经专门去巴布亚新几内亚找证据证明人类某些脸部表情的情绪是有共性的。表情是不需要学习的,天生失明的人会表现出和无视力障碍的人一样的表情。但是表露规则是在社交中学来的,常常有文化差异,这些与表情有关的规则说明某人可能是什么样的人？在什么时候表现出何种情绪？这就是为什么在大部分公开的运动竞赛中，失败者不会表现出心里的难过和失望。这些规则会支配真实感受的情绪表达，或是减轻，或是夸大；或是完全隐藏，或是加以掩饰。

这些观点是艾克曼经过40年对情绪及情绪性行为的研究所得出的重要的核心结论。这也让我们对于情绪的过程［即"情境→内心过程（注意和评价）→反应"］有了更加深入的了解。

下面我们用情绪模态模型来梳理艾克曼的核心观点。

1. 关于内心的注意和评价过程

我们内心存在一个自动评估机制，它不断地在意识的后台注意和扫描我们周围的环境，来看是否存在关乎我们生存和幸福的重大事件。当环境中存在符合情绪警戒资料库中的事件，这个事件就会成为情绪的诱因，引发情绪的过程。

2. 关于反应

当我们产生情绪的时候，我们会产生一系列的情绪性行为，包括表情、声音、身体动作等非语言信息组成的情绪信号系统，它无法隐藏并自动运行。表情和声音会根据特定的情绪产生相应的变化；而身体动作会因为特定的情绪产生相应的行为冲动。但是根据不同的表露规则，人们会对是否应该表露某种情绪存在不同的看法。这些看法会支配对情绪感受的表达，可能减轻、夸大、隐藏或掩饰。

经过这个梳理，我们能更深刻地了解情绪的过程。其实，我们还需要更深入地了解情境识别和冲动反应。

> 危险来了，快跑。

我们如何判断一个事件是否属于情绪警戒资料库？比如，在一次参加同学聚会时你没有注意时间，导致你回家很晚。到家的时候，看到爱人脸色很难看，你突然意识到爱人可能生气了，于是你产生了一种害怕的情绪，怕爱人向你发火。这时，你会格外注意言辞以期不引发爱人的愤怒，尽量缓和其情绪。这个过程其实和"危险来了，快跑"没有本质区别，你迅速识别出"爱人生气了"，然后产生"害怕"的情绪，因为这个情绪，你产生了想要避免被爱人怒火伤害的冲动，因此你做了"哄对方，尽量避免爱人发火"的行动策略，以实现避免被攻击的愿望。在这个过程中，你是如何识别出爱人生气的？

艾克曼在书中介绍了他研究并命名为 FACS 的表情识别系统，以将人类的表情分类。这是人工智能识别人类表情的基础，我们看懂表情和对应的情绪信息的过程大致如此，不同的是我们会进一步判断出意义。

> 你认为他骂你，你才会生气和想回击；你认为这句话无关痛痒，你只会一笑而过。

既然情绪的本质是对环境的自动评估机制，即时刻确认环境中是否存在属于情绪警戒资料库的事件，那么当出现这样的事件时，这个机制会迅速启动人的反应，以利于自己的生存和幸福。

从环境中识别符合情绪警戒资料库事件的过程，就是我们要研究和探寻的对象，即我们如何从一个现象中识别出一个事件的意义，比如从周围的环境中发现危险，这个危险就是我们识别出的意义。

现代认知心理学家常常把电脑比作人脑，借以更深入认识人脑的许多运行机制。人工智能是用电脑模拟人脑，让我们来看看人工智能是如何识别事物的。

比如，识别男性和女性对人类来说是很容易的，但是对于电脑来说却并非如此，因为它不知道什么样的人是男性，什么样的人是女性。因此，编程人员需要在电脑中编制一套能够划分男性和女性的分类器，这个分类器会运用一种被称为"特征识别"的方法来帮助电脑进行判断。特质就是物体具有的一些特点，我们可以利用这些特点或属性来区分它们。比如，我们会运用性征来区别男女性别——第一性征（性器官）、第二性征（性发育带来的身体差异）、第三性征（性激素带来的心理差异）。

同样，人工智能识别不同的事物，只要把这些物体各自的特征输入分类器，不同特征要素的事物就会被电脑分类成为不同的类型，可以说电脑具备了和人类同样的分类能力。正如上面提到的电脑识别男性和女性，编程人员将性征的要素输入分类器中，具备男性性征的人就会被识别为男性，具备女性性征的人就会被识别为女性。

人工智能识别事物的过程是这样的：第一步，特征提取，即将能够区分不同事物的若干特征提取出来；第二步，特征分类，即按照该特征所属的类别进行类别的划分。这样，电脑就能够识别事物的意义。其实，这也是人类识别周围环境、构建有心理意义情境的过程。比如，看到有尖牙特征的动物，我们会认为存在危险；看到微笑的脸，我们会认为这是友好的表达。

我们可以把这个过程叫作"情境识别"，即从环境中确认是否符合情绪警戒资料库中储存特征的过程。通过这个情境识别过程，我们将外在环境转换为有心理意义的情境，这个情境就是可以启动情绪过程的按钮。

听了一堂课，学到的其实就是你记的笔记。

综上所述，关于人格和情绪的关系的探索的简单清晰的总结，即关于情绪风格和情绪过程的发现和结论如下。

- 我们内心存在的自动评估机制时刻扫描周围的环境，确认是否需要迅速做出行动，以有利于我们的生存和幸福。

- 具体的过程：我们周围的环境经过情境识别，构建为对心理有意义的情境。当这个情境符合内心储存的情绪警戒资料库的情境特征时，就自动产生情绪和情绪冲动。这种冲动驱使我们产生一系列的情绪性行为，如表情、声音、身体动作和行动倾向的变化，同时释放一系列非语言信息的情绪信号。在不同的表露规则的调控下，我们会产生不同的表达。
- 情绪风格就是特定的情绪反应模式，其形成原因是：（不论任何原因）我们对某种情境更加敏感，当这种情境出现时，我们就会自动产生特定的情绪变化过程。

用情绪模态模型可以这样表述这个过程：环境→情境识别→［情境→内心过程（注意和评价）→反应（情绪和情绪冲动）］→情绪性行为（同时释放一系列情绪信号）→表达（受表露规则调控）。情绪风格，即特定的情境→特定的情绪反应（情绪和情绪冲动）。

通过对情绪风格的探索，我们看到了情绪在人类行为模式中的作用，让我们可以看清情绪和人格的关联。人格心理学家、社会心理学家、情绪心理学家和认知心理学家的实验研究和理论，帮助我们构建出一幅新的人格图景。

原来如此的人格

> 盲人摸象，摸的都是一样的，说出的却是不同的。

社会心理学家和情绪心理学家的不同研究的结论，最后都指向了相同的方向。

社会心理学家关于人格的结论：并没有一个普遍（跨情境）的特质存在，但是在同一情境下存在一致性的行为反应模式，同时在时间维度上这种反应模式也具有一致性。关于人格识别的结论：我们可以通过行为片段中的非语言信息识别出非常准确的人格信息，这些信息帮助我们预测这个人接下来的行为反应模式。这两个结论中间缺失的就是情绪心理学家们的研究——关于情绪风格和情绪过程的补充。

情绪心理学家关于人格的结论：没有跨情境的特质存在，因为不同的情境会触发不同的情绪；同一情境会触发相同的情绪，相同的情绪总是带着相同的情绪冲动和行动倾向，推动人们产生相同模式的行为；这种情绪反应模式是相对稳定的，因此在时间跨度上这种反应也具有一致性。关于人格识别的结论：通过行为片段中的非语言信息识别出非常准确的人格信息，是因为情境触发情绪时的非语言信息可以让我们看到情绪风格——稳定的情绪反应方式，这个信息可以帮助我们预测这个人接下来的行为反应模式。

因此，人格就是我们的一些特定的情绪反应模式的集合。但是，比如你被蛇咬过，因此你形成一种情绪反应模式——见到蛇就会恐惧，进而想要远离蛇，这个情绪反应模式不是人格，即并不是所有的情绪反应模式都是人格，那么人格到底是哪些情绪反应模式呢？我们会在第2章揭晓这个问题的答案。我们先来看看什么是冲动论。

什么是冲动论

只有命名了男人和女人，才更容易谈论他们有什么区别。

通过前面的探讨，我们已经明白人格运作的机理了，那么如何命名呢？缺陷论、天赋论、特质论都是以核心特点来命名的，也就是说这套方法论最关注什么，就用什么来命名。如何能够知道最核心的特点呢？

各种方法论的简化表达如下。

- **缺陷论**：人→缺陷→改变缺陷。

- **天赋论**：人→天赋→发挥天赋。
- **特质论**：事件（不同的事件）→特质→模式化的行为。
- **冲动论**：情境（具备某种特征）→情绪冲动→模式化的行为。

我们可以看出这套新的人格方法论最核心的特点是情绪冲动，由情绪引发的行为冲动，最终导致出现模式化行为。就像特质论表达的是特质导致了模式化行为，而在新的方法论表达的是冲动导致模式化行为。

因此，人格就是一类在某种特征情境下导致特定模式化行为的（情绪）冲动的集合，我们把这套方法论命名为"冲动论"。

> 电影只是快速划过的图片，人却因为不能识别而产生了错觉。

为了更好地了解冲动论，我们需要了解特质和冲动的关系。持续性的冲动看起来很像特质，其实这只是一种错觉。例如，A是我们要探讨的主角，A的朋友B和C在探讨"A是什么样的人"时产生了分歧：B认为A很坚强，C则认为A比较懦弱。这样的情况在我们的生活中常会发生。B和C之所以会对A的个性产生截然不同的看法，是因为他们分别看到了A面对不同情境感受到不同冲动而引发的行为，却按照特质论的归因认为这个人有不同的特质。原来，B是A的同事，B看到A在工作中不向困难低头的状态，便认为A是坚强的。而C是A的朋友，C看到A在面对情感问题想放弃的状态，便认为A是懦弱的。

如果用特质论来评价A，就会出现A到底是坚强的还是懦弱的问题。如果用冲动论，那这个问题就不复存在，而且非常容易理解。A在工作情境有突破困难的冲动，而在情感情境有容易放弃的冲动。

冲动论可以帮助我们更加客观、全面地看待一个人，更加清楚地知道这个人在面对不同情境时的反应状态。

> 再美的美女也只有摘下面纱，才能看到她的美丽；在你摘下真理的面纱的那一刻，你就会被它彻底迷住。

综上所述，人格就是一种关于具备某种特征的情境下产生的冲动模式的集合，人类因为这些特定的冲动模式会产生特定的行为倾向。

这些行为倾向的固定化和模式化，广泛地影响着个人的生活。不论是从时间的角度（童年、青少年、壮年、老年）来看，还是从生活领域的角度（学习、工作、生活、恋爱等）来看，都是被这些行为倾向所影响着。因此，人们需要深入了解人格对于自己生活的影响，从而提升自己对生活的驾驭能力。

本书的所有观点、看法、应用手段都是建立在冲动论的基础上的，并在此基础上重新梳理九型人格理论，建立了九型人格新理论之冲动论。

我们在第2章将进一步探讨为什么要在冲动论的基础上重建九型人格而不是其他的人格类型学问。

第2章

人格的真面目：
从看见人格到看清人格运作瞬间

人格可以被"看见"

> 如果你想知道世界上的每条河流有什么区别，你就要亲自走到每条河流那儿去看看。

我从小就对人特别感兴趣，无聊的时候喜欢坐在街边看走过的人有什么不同。这个爱好为我日后对人格类型的研究埋下了伏笔。我从很小就开始学习各种各样的人格类型分类学问，从星座、血型到16PF、MBTI等，逐个学习、研究，最终我锁定了九型人格。

我从2009年夏天开始接触、学习和研究九型人格，2013年8月起开始接受九型人格的培训课程，后来建立了一套颇有特色的九型人格课程系统。

在这个过程中，我从初出茅庐到逐渐被九型人格圈内的前辈、大咖们认可，最后还幸运地被推荐为国内第一本高校九型人格选修课教材《九型人格与成长的智慧》一书的副主编。

有人说九型人格不够科学，没有经过实证研究；也有人说九型人格和星座、血型没什么区别。可是我却深刻知道自己为什么钟情九型人格，而不是其他的人格分类学问。

> 尺码能告诉你哪件衣服适合你，但是到底穿不穿得上还是试了才知道。

正如这句话所说，分析也许可以帮助我们接近真相，但是只有真实的感知才是真相。其他的人格分类学问能够帮助我们分析一个人可能是什么样子，而九型人格可以帮助我们看见一个人是什么样子。这就是九型人格的魅力，随着对它的深入了解，我们会慢慢发现在生活中看到人格类型的差别是十分明显的。分析和看见之间到底有什么差别呢？分析是推理结论，而看见是真实存在。

现代医学在诊断病症方面，就是运用看见的力量（现象学诊断），看见（不限于人的五官，可以用机器去扩展）什么现象，可以初判是什么疾病。

所有的分析类检测都只是发现线索，只有现象类的证据才是诊断的依据。比如，在癌症诊断中，拍片可以让人们推测在某个地方存在癌细胞（分析），但是只有取样切片检测才能够确定是否存在癌细胞（看见）。

现代法律判定嫌疑人是否有罪也是一样的，可能所有的线索都指向某个嫌疑人是杀人凶手，但是如果没有确凿的证据就无法给这个人定罪。这里的线索就是分析，证据就是看见。比如，某个嫌疑人说过想要杀人，这会让你分析出这个人有杀人动机；但是必须有目击证人或者凶器上的指纹等证据，才是看见这个人确实杀了人。

九型人格的前世今生

> 只有看见能够告诉你真相，再多的分析也只能告诉你可能性而已。

为什么九型人格能够帮助人们看见人格，而其他人格分类学问不能？这是因为与其他人格类型学问的诞生相比，九型人格是诞生于日常观察，而不是理论假设。

由于本书篇幅有限，这里仅简单介绍九型人格的由来，希望将来有机会可以进行更详细的介绍。

九型人格思想雏形源于柏拉图（前427—前347年）的学说，柏拉图在创建伦理学时对善恶概念进行了深入的探索，形成的本体堕落论，解释人为什么作恶（即偏离我们的美好愿望去做事），其大致的思想是"当灵魂进入身体时，就会被物质身体的欲望和激情（渴望和情绪冲动）所影响，这是本体（人善的本性）堕落的原因"。本体堕落论思想被新柏拉图主义者普罗提诺［Plotinus，205—270年，新柏拉图主义奠基人，著有《九章集》（*Ennead*）］继承，并得到了广泛的传播。新柏拉图主义思想在宗教世界中的传播最为广泛：经过天主教多位主教的发展，形成了对恶的许多分类（本体堕落论的分类版本）。他们把这些恶称为"原罪"，其中最出名的就是七宗罪。除了七宗罪以外，最接近九型人格的是由拉曼·鲁尔（Ramon Llull，1232—1315年）创造的九宗罪（九种恶习和对应的美德），这是九型人格的直接源头。

另外，8世纪中叶到11世纪的阿拉伯语翻译运动把本体堕落论传播到了伊斯兰世界，并被伊斯兰教修行体系之一的苏菲派充分吸收，逐步形成了对恶的涤净/修行方式（伊斯兰教苏菲派认为，去除恶可以帮助信徒接近真主）。这种修行实践出的知识（本体堕落论的修行版本）最终传承到了G.I.葛吉夫（G.I.Gurdjieff，1866—1949年）创造的第四道修行体系中，这是九型人格的另外一个直接源头。

生于1931年的玻利维亚裔神秘主义者奥斯卡·伊察诺（Óscar Ichazo），沉迷于各种哲学与神秘学说，对宗教和灵性运用原型分析（基于荣格的"原型"概念的分析方法）进行了探索，经过研究发现了这两种不同版本的本体堕落论的差异，并发展出了现代的九型人格理论（Enneagons）雏形。

著名的完型治疗大家克劳迪奥·纳兰霍（Claudio Naranjo）于1969年去智利阿里卡附近的沙漠中跟随奥斯卡·伊察诺进行了为期10个月的研讨会后，将其带回美国并传播给诸多九型人格先驱，如海伦·帕尔默（Helen Palmer）、唐·理查德·里索（Don Richard Riso）、拉斯·赫德森（Russ Hudson）等，并被这些先驱通过书籍和课程的形式传播到世界各地，其中里索和赫德森写的《九型人格：了解自我，洞悉他人的秘诀》（*Personality Types: Using the Enneagram for Self-Discovery*）和海伦·帕尔默1988年写的《九型人格》（*The Enneagram: Understanding Yourself and the Others in Your Life*）传播最为广泛。

因此，里索和赫德森在《九型人格》一书中，给出了对九宗罪中"罪"的理解——强烈的情感（状态）。由于每种情感状态都会驱使我们的行为以某种方式偏离我们的美好愿望，因此这种偏离愿望的状态就被称为"罪"（在西方的宗教思想当中，失控被解释为类似于魔鬼附身思想，情绪就会带来这种失控的结果，因此就是罪恶的）。

经过长时间的观察，人们发现不同的人容易出现不同的强烈情感状态，并最终总结为九种强烈的情感状态，因此引发的九种不同的失控倾向，就是九宗罪，也被称为九种不同的习性，伊察诺正是基于对这九种习性的深刻认识和扩展建立了九型人格理论（见表2–1）。

表 2–1　　　　　　　九型人格对应的九种习性

人格类型	习性（原罪——情感失控倾向）
1号	愤怒
2号	傲慢
3号	欺骗

续前表

人格类型	习性（原罪——情感失控倾向）
4号	嫉妒
5号	贪婪
6号	恐惧
7号	饕餮
8号	欲望
9号	懒惰

条条道路通罗马，不同道路也总是能够通向同样的真理。

九宗罪与我们在第1章论述的情绪风格非常相似，虽然没有情境与冲动，但有效地捕捉因情境引发冲动过程中最为显著的情绪，应该是人类最早关于情绪风格的观察和描述总结。

20世纪60年代，伊察诺将原始的九宗罪发展为更多的特质描述，并得出了12套九型人格的图形及相关的简短词汇描述，这就是伊察诺创立的108九型人格系统。其中最为主要的有4套——私欲的九柱图、美德的九柱图、固着的九柱图，以及神圣理念的九柱图。

如果仅有伊察诺的整合，那么九型人格也许只是一个心灵修行的工具，未必会走入大众的视线。克劳迪奥·纳兰霍沿着伊察诺的成果继续进行九型人格的研究，并结合自己的精神病学的背景，将伊察诺的简短描述进行扩充。同时，最为重要的是，纳兰霍用一种非常重要的方式向人们展示了九型人格的有效性：将认同同一人格类型描述的人聚集在一起进行讨论并观察他们的反应，这样人们就看到，有着同样情绪风格的人具有同样特征的触发情境。当他们谈论这种触发情境或者谈论由于被这种触发情境引发的情绪感受、精神现象和由情绪冲动导致的行为倾向等话题时，就能够非常理解彼此的感受，并表现出类似的状态和反应。这种方式让人们可以直接看见人格的存在，而不仅仅是停留在分析的层面。以前只有那些深入学习这套系统的人才可以看见这些人格的存在；而现在可以通过将发生在日常生活中的触发情境带到讨论的当下，让整个集体产生同样的反应——情绪反应和行为倾向（冲动）。这种方式在专业的九型人格教学中，仍然在使用或是经过一定变化后而使用。

这个观察结论也符合第 1 章关于人格类型的研究，说明人格类型的线索可以通过一定时间内行为片段中的非语言信息找到。如果大量的同种人格类型的人聚集在一起，同时因为某种情境产生类似的非语言信息，那么这种非语言信息更容易被捕捉到。经过长期训练的人会对非语言信息更加敏感，更容易在生活中直接看见人格的运作，也就能够更深入地了解他人的人格类型和内心运作。自然而然，也就知道该如何因人而异，用不同的方式与他人相处和沟通。

从看见到看清

> 眼睛让你看见事物，显微镜帮你看清事物。

以上我们讲了人格如何能够被更多人通过简单的方式看见，当然我们不会满足于此，我们想要努力去看清现象中的规律，这也是我会发展出冲动论的原因。如果说在特质论时代建立起的九型人格帮我们看见人格的样貌，那么冲动论则能帮助我们看清人格运作瞬间的样子。

最初人们对九型人格的描述往往都是概括、抽象的词汇，这就会引发一个问题：人们虽然可以看见人格的存在，却不大清楚人格的运作形式。伴随九型人格的学习而产生另外一个问题：人格类型的识别多是凭借直觉或者导师的观察，而非证据。因此，在学习九型人格之后，人们关于自己的人格类型就容易产生争议——某人认为自己是某种人格类型，老师却认为他是另外一种人格类型；甚至某些老师自认为的人格类型，其他老师却不认可。一方面，人们会开始怀疑九型人格的正确性；另一方面，由于能够亲眼看见人格就又相信人格的存在性，因此产生苦恼和纠结，不明白到底怎么回事。这也是我学习九型人格的一个烦恼，也正因为这个烦恼，让我开始深入地思考并最终得出冲动论。

> 一切科学实践起源于现象，发展于研究，定论于实证；同理，不论是研究还是实证，都要基于现象。

上面这句话既是说九型人格理论，也是说人格识别过程。九型人格理论的形成是一种科学实践。科学实践不仅仅是一门学科建立的基础，也是得出科学结论的基本过程，比如医学诊断、法官定罪，当然也包括人格识别。既然人格识别是一个科学实践过程，那么对于一个科学的结论来说，最为关键的就是科学的证据。

对于九型人格来说，什么才是科学的证据呢？这就是本书第1章通过探索并最终确认的——人格不是特质，而是冲动。

> 做一道菜，放不同的调料会在最终形成不同的味道；做一件事，用不同的方法会在最终产生不同的结果。

人格是特质还是冲动，会影响证据搜集的方向和方法，最终影响人格识别的结论。因为行为不具有跨情境的一致性，所以根据不同情境下的行为总结出的特质会截然相反。如果以特质论为基础去进行人格识别，势必会出现这种状况，不同的人会看到一个人在不同情境下的行为，并得出差异很大的特质结论。这也是九型人格领域之前广泛存在的现象。我们最开始是以特质论为基础学习九型人格的，因此也会运用特质论进行人格识别。但是在运用特质论的时候，会出现几种让人疑惑的现象：有的学员常常说自己的人格类型变了，或者在遇到其他老师之后觉得自己是另外一种人格类型，还有其他老师说的人格类型和自己所认同的人格类型不同等一系列现象。

为了解决这些疑惑，我开始在心理访谈过程（人格识别过程）和教学实践中观察，慢慢总结经验，发展出许多人格识别的技术，确立了许多很有帮助的原则［如要寻找心理机制而不是行为，要全面地看待一个人（时间和生活领域）等］，但还是避免不了这个问题。

后来我就开始去探索到底在人格识别中最有帮助、最能够作为证据的是什么。我发现每种人格都存在一些特有的元素，这可以帮助我更好地区分人格类型。我称其为人格类型专有特征（只有这个人格类型有，其他人格类型没有的一些特征），同时也在教学实践里把这个概念应用于观察和使用专有特征的训练。

这个"专有特征"的概念帮助我慢慢在人格识别过程中从努力分析转变为看见，甚至可以从看见转变为看清人格运作瞬间的样子，并最终发现冲动论。

看清人格运作瞬间

看清一个人，才是真正地认识一个人。

在我对人格类型专有特征概念的发展过程中，我最需要感谢的是7号（表2–1中习性为"饕餮"的人格类型，后面我给它起了名叫"趣味型"）的伙伴们，正是他们让我对专有特征有了极大的认识。

通过总结和归纳这些专有特征，我慢慢形成了一个专有特征系统。我在人格识别的时候开始依靠这套系统，逐渐发现了这套系统的强大，并在此基础上发现了冲动论这个新的人格方法论。后来，我发现这些专有特征不是孤立的，而是有规律出现的。

真理是一个顽皮的孩子，总喜欢躲在日常现象中跟你玩"藏猫猫"的游戏。

因此，正是在探索专有特征的过程当中，我发现人格并不是静态的内在心理结构，而是会因为某些特定情形的出现而瞬间运作的模式化心理反应。这个领悟让我突然间好像开窍了一样，我开始能够慢慢地看清人格运作瞬间的样子了，而不仅仅是只能够看见人格而已。

在这个探索的过程中，一些其他知识的专业训练和学习给了我很大的帮助，正是这些不同的能力支持我得出关于冲动论的洞见。

第一，能够留意到这些瞬间也得益于我专门接受过大量的心理咨询训练，这些训练尤为强调观察对方每时每刻的状态。我习惯于在和别人交谈的同时，时刻去留意对方的非语言表达（表情、肢体语言和语音语调的变化），这个习惯帮助我最终捕捉到人格运作瞬间。

第二，我一直在研究有关情绪的知识，特别是保罗·艾克曼的研究成果（微表情和微反应的相关知识）。我发现，瞬间的非语言表达确实是人格运作的体现，这也意味着情绪在运作，非语言表达正是情绪运作所伴随的微表情和微反应。

在发现了人格是瞬间运作的心理反应之后，我意识到需要看清人格运作的瞬间。在后来的人格识别访谈中，我开始更加仔细地观察在那个运作的瞬间到底发生了什么。

以7号人格为例，发现原来触发情境和触发反应之间的那个瞬间，就是由触发情境激发的瞬间情绪变化，我们可以表示为：

- （触发情境）遇到有意思的事情——（触发情绪）伴随兴奋的开心——（触发反应）非常强烈的、兴奋的、戏谑的笑；
- （触发情境）气氛沉闷——（触发情绪）无聊、烦闷——（触发反应）注意频繁转移。

这样，我们就看到了完整的人格反应瞬间过程的模样。这个过程的核心就是情境触发了情绪变化，根据保罗·艾克曼的研究，在情绪变化的瞬间会无法抑制地释放大量非语言信息；也正是因为存在大量伴随情绪而产生的非语言信息，人格运作的那个瞬间才能够被看清。

> 当你愤怒的时候，你会想攻击对方。

人格运作的瞬间过程，就像上面这句话一样，当你有某种情绪的时候，就会因为这种情绪产生对应的冲动（及行为倾向）。

我们对 7 号人格类型的人们进行了更多访谈性的调查，发现了关于上面两种反应后面的冲动：

- （触发情境）遇到有意思的事情——（触发情绪）伴随兴奋的开心——（触发反应）非常强烈的、兴奋的、戏谑的笑——（触发冲动）想要继续保持这种兴奋、有意思；
- （触发情境）气氛沉闷——（触发情绪）无聊、烦闷——（触发反应）注意频繁转移——（触发冲动）想要摆脱无聊。

当然，这种冲动只是一种主观感受，至于到底选择什么样的行为来实现这种冲动是多样化的。

对于 7 号人格类型的人来说，如果感觉到气氛很沉闷，就可能会在朋友聚会时讲个笑话，让气氛变得热烈起来；在课堂上想一些有趣的事或者搞恶作剧，让课堂不再那么无聊；在亲密关系中，可能拉着爱人去一起看一场新上映的电影，让二人世界更富有情趣。

在发现了这些之后，我又开始好奇这两种不同的情境在引发冲动时，是否存在某些联系。

> 手心和手背都是手的一部分。

简化 7 号人格的上述两种反应，可以表示为：

- （情境）有意思——（冲动）保持有意思；
- （情境）沉闷——（冲动）摆脱无聊。

我们可以发现，虽然情境不同，但是冲动其实只有一种，对于7号人格类型的人来说，感觉到趣味是其核心渴望，即让生活充满趣味。因此，7号人格类型的人常会有让生活变得有趣的冲动，我把这个冲动称为"造趣"，这是7号人格类型的人的核心冲动。你可能会问，造趣就是喜欢开玩笑吧？其实开玩笑是一种经过表达后的行为，而造趣是一种内在体验形成的冲动。

如何区分行为和冲动？

行为是冲动的某种具体表达，冲动是行为的原动力。例如，当7号人格类型的人有了想要造趣的冲动，未必都会选择开玩笑的行为。也许当时在上课，不适合开玩笑，因此他可能只是在脑中想有趣的事。也许当时7号人格类型的人正独自在家，他可能自己和自己玩。

上述这些行为都属于造趣的表达，但是不同的7号人格个体会有不同的表达，而且表达还会受到当下所处情境的影响。我们会在第5章探讨冲动的多样化表达形式。

现在，我们在九型人格和冲动论的基础上，不仅能看见人格，还能看清人格运作的瞬间。那么，如何把这种洞见更清晰地呈现出来呢？

人格运作瞬间模型

> 人类最原始、最常用的模型就是地图。依靠地图，你可以找到路线；依靠模型，你可以找到方法。

某一领域的现象只有被模型化才能够更容易、更加直观地被掌握，人类把相关的现象总结成模型之后，就能更好地驾驭这些领域。

九型人格冲动论其实就是在讲这个过程：我们将客观世界的情况识别为有意义的心理情境（进入主观世界），这种心理情境经过我们内在的判断系统的处理（看看是否符合个体的核心渴望）。不符合核心渴望的情境会引发个体的情绪，因为想要消除情绪，让个体产生改变现实情况的冲动。同时也因为考虑到现实情境，个体产生了在不同情境下的不同行为倾向（离开主观世界），并通过这个行为来改变客观世界。

从情境到情绪冲动再到行为的过程将客观世界和主观世界紧密地联结起来。从这个过程来看人格运作的本质，其实就是个体因为对客观世界的不满足而产生了改造客观世界的冲动，并由冲动引发具体的行为，进而改造客观世界以满足核心渴望（主观世界）的过程。

我们把上述过程简化为以下模型：

客观世界——情境——核心渴望——冲动（伴随情绪和非语言信息）——用行为改造客观世界

人格运作部分则可以表达为：

情境——核心渴望——冲动（伴随情绪和非语言信息）

我们可以看清人格运作的瞬间，其实就是看到了人格运作瞬间过程中由情绪运作而产生的非语言信息。

本书第二部分将详细介绍每种人格类型的下述过程。

1号秩序型

（情境）非秩序——（核心渴望）秩序感——（冲动）矫正

他们渴望体验秩序感，所有的事情都要井井有条。当环境中出现非秩序的情况时，就会产生想要矫正的冲动，想要将非秩序变为有秩序。

2号照料型

（情境）需求——（核心渴望）关怀感——（冲动）照料

他们渴望体验关怀感，希望每个人的需求都能得到及时回应。当任何人存在着未被及时响应的需求时，他们就会产生想去照料他、想去及时响应那个需求的冲动。

3号进取型

（情境）非理想——（核心渴望）成就感——（冲动）改善

他们渴望体验成就感，每次都希望自己能够表现得最为理想。当他们表现得不够理想时，他们就会产生想要变得更好的冲动，想要让自己可以变成那个理想的样子。

4号求真型

（情境）现实阻力——（核心渴望）意义感——（冲动）真实面

他们渴望体验意义感，希望能够活出真实的自己。当出现现实阻力时，他们就会产生想要呈现真实面的冲动，想要让自己走向真实的、有意义的生活。

5号洞察型

（情境）兴趣现象——（核心渴望）透彻感——（冲动）原理探究

他们渴望体验透彻感，希望能够搞清楚感兴趣现象的规律。当出现他们感兴趣的现象时，他们就会产生探究这个现象背后的原理的冲动，想把这些现象的规律都弄清楚。

6号多虑型

（情境）没把握——（核心渴望）确定感——（冲动）考虑周全

他们渴望体验确定感，希望让所感受的一切都是确凿清晰的。当出现没把握的事物的时候，他们就会产生考虑周全的冲动，直到让没把握的事物开始变得相对有把握。

7号趣味型

（情境）无聊——（核心渴望）趣味感——（冲动）造趣

他们渴望体验趣味感，希望让所有的体验都变得有趣好玩。当感受到无聊时，他们就会产生做些能够造趣的事情的冲动，直到让体验的事物变得新奇有趣。

8号突破型

（情境）阻碍——（核心渴望）突破感——（冲动）突破

他们渴望体验突破感，希望没有阻碍地勇往直前。当遇到阻碍时，他们就会产生冲破阻碍的强烈冲动，直到再次进入勇往直前的状态。

9号平静型

（情境）扰乱——（核心渴望）平静感——（冲动）平复

他们渴望体验平静感，希望持续地让内心处于安宁舒适的状态。当遇到扰乱内心平静的事情时，他们就会产生平复自己的冲动，直到能够回到内心安宁舒适的状态。

我们把各种人格冲动进行了模型化，以便更容易掌握和理解。需要注意的是：人类的冲动不仅仅有人格冲动，还有很多不同的冲动。我们将在第3章具体探讨人格冲动在人类的众多冲动中的地位。

第3章

认识冲动家族：
人格冲动是一种什么样的冲动

充满冲动的人生

> 商家总是会想出各种办法让你忍不住刷卡！

伴随我们一生的心理现象，应该就是冲动。吃、喝、拉、撒、睡——这几种人类最基本的冲动从我们一出生起就伴随着我们。不论是这些冲动中的哪种得不到满足，哪怕是婴儿也会用其特有的方式来告诉你——剧烈的哭声。长大成人后，人们同样受到各类冲动的影响：在家躺着的时候，突然产生想去看电影的冲动；工作了一段时间，有想要来一场说走就走的旅行的冲动；一段纠结许久的感情，心头袭来想要放弃寻求解脱的冲动；心情不好的时候，产生了想要吃点甜食的冲动……也正是因为有这么多的冲动，所以才会有满足与烦恼：当你有拥抱爱人的冲动时，如果他/她在你的身边，你在拥抱之后就会感觉到强烈的满足感；如果他/她在异国他乡，你独守空房就会感觉到孤独的烦恼。

不仅我们自己会产生各种各样的冲动，还有很多人也试图让你产生冲动：广告希望通过精细的剪辑，让你产生渴望拥有某种产品的冲动；父母希望通过自己的语言，让你可以产生热爱学习的冲动；电影、音乐希望通过艺术手法的编排，让你产生流泪的冲动；销售人员希望通过自己的介绍，让你产生购买的冲动……

在不同的人生阶段也有各自年龄阶段的独特冲动：婴儿希望自己的需求可以被即刻满足，因此每次没有得到满足的时候，都会爆发强烈的想要获得即刻满足的冲动；青少年希望自己可以有独立的生活，因此每次被管束的时候，都会产生想要挣脱管束的冲动；成年人希望自己可以有更加稳定的生活，因此每次生活变动的时候，都会产生让生活恢复稳定的冲动；老年人希望可以和儿女更加亲密，因此每次儿女回家的时候，都会想要有和儿女聊聊天的冲动。

既然我们一生中存在这么多冲动，而人格的具体运作形式也是冲动，那么人格冲动会不会被淹没在浩瀚的冲动海洋中呢？在众多的冲动中，又该如何找到人格冲动呢？

冲动家族成员见面会

你认不出双胞胎，只是因为你和他们还不够熟悉。

想象一下，假如冲动家族在开会，我们看不到只能听得到。如果和它们不熟，就很难辨别谁在说话；如果足够熟悉它们，就可以轻易地识别谁正在说话，甚至还可以预测它们在面对不同的话语时会有什么反应。每个人身上都有一样的冲动家族，当不同冲动出现的时候，如果我们对这些冲动很熟悉，就能"听"（观察）出来现在是哪个冲动出现了。

为了识别和细分冲动，我们需要掌握的是一种区分能力，即区分一个人在日常生活中出现的冲动属于哪种冲动类型，也就是辨认这种冲动是冲动家族里的"谁"。

下面我们来介绍冲动家族的成员。冲动家族主要有两大阵营——

一个是日常冲动，一个是模式冲动。

日常冲动

生理冲动从我们出生起就一直伴随着我们，主要负责生存的方方面面。生理冲动被编码到基因中，它的存在就是为了让我们活着。

文化冲动是我们在不断被社会化的过程中逐步形成的，主要负责让我们的行为更加符合所在的文化环境。它被编码到信念中，它的存在就是为了让我们能够适应群体生活。

模式冲动

人格冲动是冲动家族的重要成员，从我们一出生就存在，同时在成长过程中，越来越多地影响我们的生活。因为天生脑结构的不同，负责情绪的那些脑功能的差异导致了它的出现，让我们的某些情绪比其他情绪更容易被触动。在成长的过程中，这些脑功能的差异会随着时间变得越来越明显，就形成了情绪方面的固定倾向。

习得冲动是在我们成长过程中被自己或者某些重要的人养成和习得的，是教育、训练和反思的成果。它被编码到信念中，它的存在就是为了让我们拥有更多优势，创造更美好的人生。

如何找到人格冲动

> 敲对门，找对人。

识别人格冲动是人格学习中最核心的内容，它由两个部分组成：识别自己的人格冲动——自我觉察能力；识别他人的人格冲动——人格识别能力。人格识别技能涉及大量的情绪和非语言识别的知识，本书因为篇幅有限就不展开进行进一步探讨了。

我们需要掌握的第一项能力——自我觉察，即能够觉察自己的人格运作，了解了人格在我们身上的运作状况，人格如何影响我们的生活，才能让人格有提升的可能。

很多修行的学问都在强调自我觉察，关于人格层面的自我觉察其实就是找到冲动家族，并从中找到人格冲动的过程。

觉察人格冲动过程如下。

- **冲动时刻**：关注自己每天（情绪）冲动发生的时刻，仔细觉察这个冲动。
- **冲动归类**：这个冲动是日常冲动，还是模式冲动？
- **冲动细分**：在模式冲动中分辨，这个冲动是人格冲动还是习得冲动？
- **领悟影响**：发现人格冲动，并领悟人格运作如何影响自己的生活。

通过这个过程，我们就找到了冲动家族的领地，并在这个领地中找到了人格冲动的住所，同时你也了解了自己的人格冲动对生活的影响。

下面我们来看看在每个步骤需要注意哪些细节。

冲动时刻

> 据说每段婚姻中，彼此都有无数次想要弄死对方的冲动。

每天我们都会有大量的冲动，有些冲动是自发的，有些冲动是被触发的。比如，早上起来有想要吃饭的冲动是自发的；看到一个插队的人，提醒他别插队的冲动就是触发的。不论是自发的冲动，还是触发的冲动，我们都需要去关注和觉察，在这个基础上才能有细微的觉察人格冲动的能力。

如何觉察到自己有冲动了？

现在，我们需要了解冲动的定义。冲动就是某种让人想要做某事的强烈动力。我们需要观察自己在某个时刻强烈地想要做些什么，这个时刻就是冲动时刻。

冲动时刻存在三个阶段，分别是触发阶段、体验阶段、行动阶段。自发冲动也是有触发点的，只不过这个点是内在的，而触发冲动的点却是外在的。比如，饿了是自发冲动，它的触发点是因为身体缺乏能量的状态，这是一个内在的触发点；而生气是触发冲动，它的触发点是因为某件让我们不满的事情，这是一个外在的触发点。因此，所有的冲动都存在这三个阶段。

触发阶段是冲动的起始，体验阶段是冲动的过程，行动阶段是冲动的终点。

对于觉察冲动时刻来说，觉察触发阶段最难。因为在触发阶段，冲动机制刚被触发，冲动的程度还没有达到能够被意识到的阈值；在体验阶段，冲动的强烈程度已经能够被意识到并体验到，这个时候我们开始有情绪，并且随着冲动和情绪的增强，我们的体验也会越来越明显，但是还没有达到行动阈值；在行动阶段，冲动和情绪的强烈程度达到了驱动行动的程度，这个时候我们开始行动以满足自己的冲动。

按照发生的阶段，自我觉察能力还可以区分为：后知后觉的自我觉察、当下的自我觉察、先知先觉的自我觉察。这些自我觉察能力是根据在不同阶段觉察到冲动的存在和影响的能力来区分的：在触发阶段能够觉察到冲动，就是先知先觉的自我觉察；在体验阶段能够觉察到冲动，就是当下的自我觉察；在行动阶段（既包括行动时，又包括行动后）能够觉察到冲动，就是后知后觉的自我觉察。

> 我们总能听到有人在后悔的时候这样说："要是早知道，我就不这么做了。"

自我觉察的能力很重要，自我觉察能力越弱，因冲动而引发的后悔就越多。就像治疗疾病一样，越早知道就越容易干预，干预之后留下的危害也就越小。比如，夫妻之间的冲突升级往往是遵循着"拌嘴→争执→吵架"的顺序。在冲突升级的每个阶段，如果能够有觉察能力，发现相爱的人彼此正在被情绪驱使互相伤害，那么就有机会通过各种调整方法停止冲突升级，让彼此的感情受到的伤害就越小。

自我觉察能力越强，就能够越早知道自己可能有什么反应，就能够避免因为情绪和冲动行为而后悔。就像尼古拉斯·凯奇出演的影片《预见未来》一样，如果能够预见接下来会发生什么，就能够通过努力去创造自己想要的未来。在现实生活中，如果我们能对人格的情绪冲动运作模式拥有了觉察能力，就可以在自己情绪和冲动的运作层面拥有一定的预见未来的能力。这种能力能够帮助我们创造自己想要的反应，而不是被情绪冲动控制，去做那些对自己生活不好的、没效果的事。对于个人生活来说，这就相当于可以获得更加自由的情绪生活，而不是总是因为各种各样的触发点支配自己的情绪生活。

对于亲密关系来说，这就相当于可以减少双方因为彼此的情绪触发点而产生冲突死循环发生的概率，甚至可以打破这些冲突死循环，能够更容易、更好地经营这段关系。

在提升冲动时刻的自我觉察能力的同时，我们就可以对自己的冲动有更多深刻的了解，接下来就可以归类和细分这些冲动了。

冲动归类

> 发现区别是任何学习的开始，就像小孩子能发现自己和世界的区别一样。

所有的智慧都是从发现差别和找到联系的过程中产生的，而有了智慧，我们就能够更好地面对生活。

比如，在亲密关系中，如果发现在对方生气的时候做一个鬼脸就能够让对方转变那种状态，那么我们就发现了一种让伴侣消气的智慧——区分出对方生气和非生气的两种状态，同时找到将生气状态转变为非生气状态的方法，前半部分就是发现差别，后半部分就是找到联系。

有了这样基于对现实情况的洞察而产生的智慧，就能够根据这种智慧得到更加有效地处理现实生活的措施。进而在出现状况的时候，我们的应对能力就越强，就越能够处理好我们生活中的各种关系。

冲动归类、冲动细分和领悟影响，就是从学习人格知识到产生智慧的具体步骤。如果只是学习了本书后面章节中的人格知识，而不能在自己身上的冲动家族中找到人格冲动，以及找到人格冲动对自己的生活的影响，那就会陷入"空有知识却没有智慧"的窘境。我们会觉得虽然自己很懂这些知识，却无法运用这些知识去改善自己的生活。

我们先来看看如何将冲动归类，即区分日常冲动和模式冲动。

经过长期的实践，我探索出来一个特别简单的区分标准，这也是日常冲动和模式冲动最核心的差别：日常冲动是我们普遍都有的冲动，模式冲动则是每个独立个体自己独特的模式化冲动。

日常冲动包括生理冲动和文化冲动，这两种冲动都是相对更加普遍的冲动。生理冲动是所有人都有的冲动，即吃喝拉撒睡这些最基本的冲动，不论是哪个种族、哪个国家的人都具有，这就是最为普遍的日常冲动。当这些冲动没有被满足的时候，人们就会产生情绪。文化冲动也是一种相对普遍的冲动，但是具有更强烈的社群性和地域性。比如，我国（亚洲文化）有基于"礼"的文化规则，当长幼尊卑等社会规则被破坏的时候，我们就会产生情绪和冲动。文化冲动是以社群为基本单位的，同一个群体（文化圈、国家、宗教、家族、行业等）

可能存在同样的文化冲动。

模式冲动包括人格冲动和习得冲动，这两种冲动都是相对更加个人化的独特冲动。人格冲动的基础是某个独立个体的大脑构造差异导致的情绪敏感性差异，因为这些情绪敏感性差异形成了自己独特的情绪风格，进而产生不同类型的反应方式。习得冲动的基础是某个独立个体在成长和生活过程中形成的适应性冲动，这些冲动的存在可以帮助个体更好地适应自己的生活，比如家庭养育方式、学校教育、个人反思、榜样、职业等，都会让个体习得一些有益于提升生活适应力的冲动。

因此，我们可以看到，日常冲动的普遍性和模式冲动的独特性存在着巨大的差异，而这个差异正好可以帮助我们更好地对它们做出区分。当我们能够觉察到冲动时刻所爆发的冲动，并有能力分辨是属于日常冲动还是模式冲动，就完成了冲动分类的任务。接下来，我们就可以开始探索冲动细分了。

冲动细分

> 专家与大众最大的区别就在于对细节的把握和处理。

专家是拥有能力解决问题的人，因此想要更好地解决自己的问题，我们需要成为自己人格的专家。专家最大的特点就是能够把握一般人看不到的细节，这也是专家与大众最大的区别。如果你想成为自己人格的专家，那么你就需要掌握冲动细分这个关键能力——从模式冲动中找到人格冲动。

模式冲动包括人格冲动和习得冲动，其实这两种冲动是非常容易混淆在一起的，因为它们作用的方式非常相似。我在大量的访谈中发现这样一个有意思的现象：许多人听完九型人格的讲解之后，觉得自己每种人格类型都有，认为自己是"复合型"的。之所以会出现这种现象，是因为习得冲动会对我们探索人格冲动的过程造成非常巨大的障碍。比如，当我在九型人格培训课程中讲完1号人格类型秩序型的时候，很多学员都会提到自己也很在意细节，但是他们大部分人其实都不是1号人格类型。其中，有些人是因为家庭养育原因——父母教育他们从小养成"不要马虎"的习惯；有些人是因为工作原因——从事的工作要求非常仔细；有些人是由于个人反思——因为自己之前不够仔细吃了很多亏，于是要求自己仔细等。这些都不是人格冲动，而是习得冲动。

可以想象，在从模式冲动中分辨人格冲动的过程中，存在着大量的生活经历形成的习得冲动的干扰，这确实是一个非常令人困扰的问题。不过，只要找到人格冲动和习得冲动的差异，这个问题就能解决。

人格冲动和习得冲动有如下非常显著的差异。

- 人格冲动是脑构造形成的情绪风格差异。因此，人格冲动是从出生起就伴随着我们的一种模式冲动；而习得冲动是因为某些经历形成的，因此，习得冲动是从某时间点之后才存在的模式冲动。
- 人格冲动作用的范围更加广泛，在生活的各个方面都起作用；而习得冲动往往是应对某些特定情境而存在的，因此，只在某些特定的生活情境中起作用，不具备普遍性。
- 人格冲动伴随的情绪往往更加强烈、更容易引起失控状态和行为；而习得冲动伴随的情绪一般没有那么强烈、不太会引起失控，而且自己也更清楚为什么会有这种情绪。
- 人格冲动是某个群体一般体现的优劣参半的状态，甚至有许多人对于自己的人格冲动的体验是有时喜欢，有时又不喜欢的（比如，7号人格类型既容易让自己变得快乐，又很容易逃避痛苦）；而习得冲动更多体现为一个独立个体的优势，许多人的体验是单纯的喜欢或者讨厌（比如，习得了仔细冲动，这是一个优势状态，就是单纯的喜欢；习得了退缩冲动，这是一个劣势的状态，就是单纯的讨厌状态。）

当然，这里的优劣参半状态还需要考虑个体心智成熟度的不同，有的人更偏向于喜欢，有的人更偏向于讨厌，这是由于同一种人格类型（情绪冲动的反应模式）的失控程度不同，容易失控就会更让人讨厌，而决定失控程度的因素是心智成熟度，本书将会在第4章简单介绍。

综上所述，寻找人格冲动就是在众多模式冲动中去寻找这样一种冲动：从小到大、遍布生活各个领域中最能够引起你强烈情绪起伏的模式冲动，你对它的态度是既喜欢，又希望改善（可能更偏向于喜欢，也可能更偏向于不喜欢而想要改善）。

只要我们能够在众多的模式冲动中找到这种冲动，就成功发现了自己的人格冲动。这是觉察人格模式最关键的一步，也是最难的一步。在实现了对人格冲动的觉察之后就可以顺利地开始领悟影响了，即领悟人格模式对于生活到底造成了什么影响。

领悟影响

> 只有发现了过敏症状并找到了过敏原，才能够不再被过敏反应所困扰。

觉察的终极目的，就是领悟人格模式对生活的影响，即情绪冲动反应模式究竟给我们的生活带来什么。

这时，我们不仅需要觉察人格运作的那些冲动时刻，还需要知道在这些冲动时刻之后，我们的生活发生了什么变化，即这个冲动对自己和别人的影响。

领悟影响的产生有两种方式：一种是回顾过去的生活，找到人格模式运作的影响——结果性影响；另外一种是在未来生活的每个人格运作的瞬间，觉察更加细微的影响——过程性影响。

了解了结果性影响，我们将会知道发生了什么，是什么导致这些发生，明白因果关系，并设想以后该做些什么以避免同样后果的产生；了解了过程性影响，我们将会知道这些是如何发生的，发生的过程经历了哪些阶段，并设想以后该如何避免同样后果的产生。

当我们能够发现自己真正的人格类型的时候，就会瞬间产生大量的领悟（即关于人格带来的结果性影响的发现），进而发现自己过去的生活轨迹由什么力量所牵引，那些隐藏的冲动在人生中竟然起到了那么重要的作用。这很重要，但并不是人格学习和训练的全部，更重要的是我们对人格带来的过程性影响的领悟。

前文提到，人格运作的冲动时刻有三个阶段：触发阶段、体验阶段和行动阶段，这也是了解人格带来的过程性影响最核心、最有力的工具。

人格给关系带来的过程性影响如何，我们能够在亲密关系中更容易、更清晰地体验到。亲密关系中存在这样一个现象：每次吵架的模式都是类似的。这通常会令人窒息，也是造成很多亲密关系失败的冲突死循环。如果具备觉察人格带来的过程性影响的能力，我们就会发现冲突死循环就像打乒乓球一样相互触发对方人格运作，并产生情绪冲动。

如果我们有足够的觉察能力，就能在对方触发我们的人格运作时，发现什么触发我们进入人格的触发阶段；知道在体验阶段有什么感觉，同时伴随什么想法；当这个感觉和想法强烈到什么程度，我们就会采取行动，以及采取什么行动。假如我们触发了对方的人格运作，就会知道对方也经历了同样的过程，以及这个过程的每个环节。

一旦领悟了人格运转的整个过程，我们就能发现我们和伴侣之间的独特的冲突死循环，也就有能力通过调整来打破冲突死循环。即使对方没有改变，我们也可以轻而易举地打破这个冲突死循环，更容易经营亲密关系，获得更长久的幸福。

这就是通过人格学习和长期的练习形成的强大的觉察能力。只有能够觉察人格带来的过程性影响，人格知识对我们和我们的生活才有意义。然而，有的人学会之后就能够很好地运用，有的人则会因为自己的既往教育阻碍了这个让知识变成智慧的觉察过程。

用觉察"看见"人格运作瞬间

学校教会了我们分析，却没有教会我们看见。

我们从小都在被教育学习这样一种思路：发现问题→分析问题→解决问题。慢慢地，我们也习惯了用这个思路去解决生活中的一切问题。

很多学员在学习了九型人格之后就开始分析自己和身边的人。这种简化实际情况而进行的分析，虽然会让人产生一种很强烈的满足感，感觉自己已经掌握了这门知识，但也会让我们与智慧擦肩而过。因此，有好多学员反馈，在第一次学习九型人格的时候，感觉自己都会了、都掌握了。然而，越学越发现自己不会，好像自己越学差得越多。

其实，不仅仅是学习九型人格，我们学习任何的新知识都会出现这种情况——开始觉得很简单，越学越觉得没那么简单。我们在刚接触一个新事物/领域的时候，对新事物/领域的认识往往很有限，因此我们会简化所有的因素，形成一种最浅显的简化版个人理论，借助这种简化版个人理论进行分析，得出一个我们觉得很不错的结论，这时我们就觉得很简单。

然而，经过长时间的深入学习，我们发现需要考虑的因素越来越多，这时之前形成的简化版个人理论就靠不住了，我们感觉到了实际情况的复杂性，觉得没有那么简单。

如果分析会让我们远离智慧，那我们该如何接近智慧？

因此，九型人格的目的是做那根指向月亮的手指（理论指引方向），最终还需要通过这根手指去看向月亮（每次人格运作的觉察），这才算是通过九型人格知识的学习实现智慧的提升。

现在，确实有很多人特别喜欢在知识层面进行探讨，忽略了通过知识（手指）去看看那耀眼的智慧之光（月亮）。结果就是"满腹知识，毫无智慧"，最终，大部分知识都没有真正发挥作用，就好像一位收藏家收藏了许多珍品，却从未使用过。

因此，要想通过学习人格知识获得智慧，我们需要经历以下两个步骤（学习其他心理学知识也是类似的）：

- 掌握人格知识；
- 通过觉察，在生活的每时每刻发现知识指向的心理过程。

经历了这个过程之后，我们就能借助觉察能力的跳板，拥有看见人格运作瞬间的能力。而看见人格运作瞬间和人格运作带来的影响，最终改善人格运作状态并提升个人的生活，才是人格知识学习的最终目的。

觉察不是全部，只是开始

看见只是让你知道往哪里穿越，你还需要知道如何穿越。

很多九型人格老师经常说"看见即穿越",其实这句话并非错误,只是不够全面,因为它过分强调了看见的作用。而我们在看见心理机制之后,还需要改善心理机制,这样才能够让看见惠及现实生活,而不是仅仅成为学习收获和领悟。

心理咨询的过程通常包括诊断、测量和咨询。诊断负责看见,测量负责看得更深入,这两者都是为了能够准确地看到咨询者是哪个心理机制出现了问题,哪里需要改善。而咨询则是负责改善,通过一系列对心理机制进行调整的技术,改善存在问题的心理机制。心理咨询的过程,其实和学习九型人格对自己的人格机制进行调整的过程是一致的。

通过九型人格获得自我成长的步骤如下:

- 掌握人格知识;
- 通过觉察,在生活的每时每刻发现知识指向的心理过程;
- 通过调整心理机制的方法与技术,调整人格运作的心理机制和功能。

因此,我一直都努力在九型人格的培训中,有针对性地加入人格提升的方法和技术。只有这样,我们才能够在觉察的基础上获得人格运作机制的提升,最终作用于我们的生活。

我们已经了解了冲动家族的每一位成员,并学习了如何通过觉察去找到人格冲动运作的瞬间,也明白了如何通过九型人格获得真正的成长和生活的改变。接下来,我们还需要了解两个很重要的方面:冲动对于多层的"我"来说是一种怎么样的作用,以及冲动的多样化表达。我们将在第 4 章和第 5 章中深入探讨。

第4章

探索多层的"我"：
渴望、冲动和表达是什么关系

多层的"我"

> 路遥知马力，日久见人心。在接触的过程中，我们会越来越看清一个人。

这个体会在谈恋爱的过程中是最明显的。我们常常会发现我们与对方的接触和沟通方式在不同的时候（第一次约会时、多次约会后、进入婚姻后、吵架的时候、吵架之后，等等）存在很大的差别。

这是虚伪导致的吗？还是因为彼此不爱对方呢？都不是，其实我们感觉到这些差异是因为我们心理结构存在多层性，简称为"多层的我"。

让我们用一对夫妻从恋爱到婚姻中的相处模式的差异为例来说明这个现象。

正如我们想象的一样，他们在第一次见面的时候特别有礼貌，遵循最基本的社交规则和礼仪规范。这个时候，他们的沟通模式是社交模式，是日常戴着"社交面具"的一种沟通模式。这个模式常见于非熟人之间的沟通，更多地遵循社会交往规则，很少有深入的、强烈的情感互动的沟通模式。在多次约会并确定关系之后，双方就会摘下

"社交面具",进行更加真实的、有情感的互动,这样的互动也会引发更多的情绪摩擦,甚至会产生情绪冲突,进而引发争吵。这时,他们的沟通模式是人格模式,是基于情绪互动的一种沟通模式。这个模式常见于熟人之间的沟通,尤其在亲密关系的沟通中出现得最为频繁。伴随着关系的增进,这种沟通也会引发更多的冲突和争吵,并伴随强烈的情感互动。

在他们发生冲突之后,如果双方想要促进关系,而不是放弃关系,他们就会放下情绪,彼此诉说自己心中的真实感受和期待,这样的互动能够引发更多的深层次交流。这时,他们的沟通模式是真心模式,是基于心灵渴望的一种沟通模式。这个模式常见于知己之间的沟通,彼此吐露内心深处的情感和渴望。伴随着这种沟通的加深,双方会产生更多理解和深层次的共鸣,彼此都会拥有一种强烈的心理满足感。

亲密关系中的这三种沟通模式真实反映了一个重要的现象:我们心理结构中存在"多层的我"。我们为什么会存在"多层的我"呢?"多层的我"是什么样的结构呢?

解剖"我"的结构

> 为了让他长记性,我想要狠狠批评他;可是在他这么多朋友面前这样做,确实又不太合适。

我想每个人都体验过上述的纠结,我们常常无法随心所欲、毫无保留地展现当下的内心感受,而是需要平衡内心的感受和当下的情境。

为什么我们会如此复杂呢?其实这个复杂的心理系统是人类心理适应性的结果,是基于物竞天择法则产生的。

如果我们在产生了任何主观感受后直接行动,就会带来很多麻烦。我们在精神分裂症患者身上常常可以看到这种情况,其实他们就是所谓"活得最为简单的人",但也正是因为他们出现了情境失调的行为,他们才会被认为是不正常的。

为什么简单地按主观感受去行动会出现情境失调的行为呢?

我们先来看看什么样的行为是情境失调的。情境失调现象来自社会情境期待,即期待一个人可以在某种情境下按照一般人应有的反应模式来行动。当行为符合这种社会情境期待时,就是情境协调的;反之,则是情境失调的(下文简称为"协调"和"失调")。比如,在葬礼上大笑是失调的,而在葬礼上哭泣是协调的;在公共场合考虑他人感受是协调的,完全不考虑他人感受是失调的;符合社会规则的行为是协调的,不符合社会规则的行为是失调的。

虽然每个人都在努力让自己的行为与当下的情境协调,但常常还会出现失调的行为,这又是为什么呢?因为内在的主观感受和外在的情境期待会产生偏差,这种偏差的距离会造成一种心理张力(即情绪冲动),也就是想要改变当下情境,以满足自己主观感受的强烈情绪。这种张力越强烈,人就越不舒服,越难以忍受,越希望能够迅速改变这种情况。如果这种张力强烈到了无法忍受的程度,人就会出现情绪失控,做出失调的行为。

为了更好地研究和讨论这个过程及其相关的因素,我们需要把这个过程进行模型化,并融入人格冲动论。

我们可以用这样的模型表示主观感受在不同情境下的表达过程:

渴望(真心模式)——情绪冲动(人格模式)——表达(社交模式)

因此,这个过程最终形成了以下两种行为。

- **情境协调行为**。在情绪可控的情况下,形成的主观感受的表达符合社会情境期待的行为。

- **情绪失控行为**。在情绪失控的情况下，导致主观感受的表达偏离了社会情境期待的行为。

现在，我们来探索一下这个模型对九型人格冲动论的影响。

人格与"多层的我"

人格与情绪失控行为

> 触碰底线会怒火中烧，这个时候真的很难控制自己。

前面我们探讨过人格是具备某种特征的情境触发了个体情绪冲动的心理反应机制，也了解了九型人格是源于九宗罪，而这里的"罪"表达的就是某个人因为强烈的情感状态而偏离"美好的、正确的做事方式"的状态。

九宗罪描述了由于人格冲动导致的情绪失控行为的九种表现。因此，我们可以毫不费力地发现人格在情绪失控行为中的作用。因为人格被触发时会伴随强烈的情绪冲动，所以人们很容易被这种强烈的情绪冲动所掌控和支配，并依照这种情绪冲动做出相应行为，而不是协调情绪冲动和现实情境产生一种更有适应性的行为。

确实，最初是在情绪失控行为中发现了人格。因此，人们对人格最初的看法也是相对负面的。那时候的九型人格学者给每种人格的命名也都是以负面核心特征为主，如"享乐主义者"或者"悲情浪漫者"，描述人格负面作用的内容也偏多一些。那时，人们觉得人格是不好的，随之也产生了一系列负面的隐喻——认为人格是牢笼、枷锁、包袱等。因此，当时关于人格学习的基本思路就是"人格是负面的东西，只有跳出人格才能够获得真正自由的人生"。

当然，如果掌握了前面的章节内容，我们就会发现这属于缺陷论，不仅仅是九型人格，当时的心理学都是基于缺陷论。那时还没有发展出积极心理学这样的理论，因此也没有天赋论生存的土壤。

那么，要想了解人格在情境协调行为中发挥的作用，就需要细致地了解情境造就行为反应协调与失调的根本原因——心理感受与现实情境的冲突。

人格与渴望

> 你越在乎的事情，就越能引发你的情绪。

毋庸置疑，每个人都有自己的渴望。渴望到底是什么？渴望和人格又是什么关系？这确实值得我们深入探索。

因为我常年做心理咨询，会和来访者聊到渴望，所以也慢慢对渴望有了更深入的了解。我起初认为渴望应该会是某些具体的人、事、物，后来认为渴望应该是带着某种特征的事物，现在则认为渴望其实是某种感受。

来访者每次在表述使自己痛苦的事情时，都会指向某些具体的人、事、物，比如自己最心爱的宠物、难以忘怀的男友等。后来随着咨询的深入，我发现这些让他们痛苦的人、事、物好像都符合某种共同特征，存在一些潜在的联系，比如他们总是喜欢选择像自己爸爸的人做男友，或者比较倾向于认同像母亲那样上进的人等；最终，我发现有这些特征的人、事、物其实能够给他们带来某种特定的感觉，比如那个像爸爸的男友能够让她感觉到失去的父亲的温暖，像妈妈那样上进的人能够让他感觉到开心。而更加有趣的现象是，当他们失去这些存在某些特征的人、事、物之后，会再去寻找下一个拥有这些特征的人、事、物。所以，人们的渴望其实是某些特定的人、事、物给自己带来的某种感受。

也就是说，每个人的渴望其实就是一些重要的感受，一些自己想要强烈拥有的感受的集合。

那么，在人格运作层面，渴望的作用是什么呢？

比如，某人工作了一天，渴望回到家躺在床上，享受放松平静，这时他的家人非要让他去买酱油，他很可能会感到烦躁，进而会想各种办法避免在这个时候被打扰，这就是人类对于正在满足的渴望被扰乱的一种正常反应。再比如，某人晚上需要加班，为了满足他回家休息的渴望，他会尽快完成工作，争取早点回家，这样就可以好好窝在沙发里放松了。

因此，个体的行为其实是满足自己渴望的工具，当个体的渴望没有被满足的时候，个体就会产生情绪和想要改变现实情况来满足渴望的冲动。这也是人格冲动的发生过程。前文我们提到，人格运作就是具备某种特征的现实被识别为心理情境，进而引发情绪冲动和行为倾向的过程。而且，我们内在一直存在一个自动评估群，时刻扫描周围的环境，除了自然赋予我们的生存和繁衍的本能以外，这个自动评估群需要评估现实世界是否符合我们的渴望。

能够触发人格运作情境的最核心的特征就是它破坏了我们的渴望，也就是客观现实情境和我们的内在主观渴望相互冲突，让我们产生了情绪和冲动。

在每种人格类型的运作机制中，我们发现了运作的核心就是渴望，每种人格类型都存在特定的核心渴望。这些核心渴望就是我们通过人格运作希望获得的结果，洞察人格和渴望之间的关系是非常重要和关键的。综上所述，人格运作机制的核心是围绕着渴望进行的，每个人都强烈希望体验自己的渴望的感受，当它与现实情境发生冲突时，就会使人们产生强烈的情绪和冲动，想要改造现实世界去满足自己的渴望。

人格与表达

> 即便他们是你的父母，你也可能并不真正了解他们。

我们往往无法彻底了解一个人的内心世界，正所谓"知人知面不知心"。因为心智健全的人通常不会把自己的内心世界简单、直接地表达出来。

一旦核心渴望与现实情境发生冲突，我们就会产生情绪冲动，这就是人格运作的核心机制。情绪冲动是否被表达以及如何被表达，需要经过现实考量这样一个心理机制的作用——考虑一个冲动被表达会有什么后果。可能有的人会说，冲动不是都会带来情绪失控行为吗？不一定，需要看情况，即现实考量。

现实考量涉及的因素包括冲动的强烈程度、情境期待、情境表达冲动对自己的影响、有没有更好的解决方案、是否能忍耐到出现更好的解决方案等。这些因素都会影响一个冲动是否会在当下的情境下进行表达或如何进行表达。

人格识别就是找到一个人冲动机制的过程，但是由于冲动未必都会表达出来，而且受到很多因素的影响，还会产生多种多样的表达形式，因此人格识别过程会变得相当难。

我已经发展出了许多相关的技术来帮助我们从众多的表达形式中找到关键要素，并将其作为人格识别过程的强大工具，去发现和捕捉那些人格运作的瞬间。因为篇幅有限，这些内容以后有机会我们再探讨。

人格与情境协调行为

> 吃七分饱其实是一种妥协的产物，这种妥协其实是为了平衡对健康的追求和对美食的喜爱之间的冲突。

由于我们的渴望常常无法被现实满足，因此我们常常会产生情绪冲动，进而会产生满足渴望的倾向，而在满足渴望和现实考量之间常常会存在冲突。为了解决冲突，我们常常会形成妥协方案。如果冲突过于强烈，无法形成妥协方案，就会引发情绪失控行为，这是因为我们优先满足渴望而忽视了现实考量，许多争吵、打架甚至犯罪都是这样发生的。如果冲突不那么难以调和，我们就会努力形成一种妥协方案，让我们既可以在一定程度上满足渴望，又可以兼顾现实考量，让冲动表达符合情境期待，以免出现情绪失控行为，这就是情境协调行为的由来。

因此，我们可以发现，不论是情绪失控行为还是情境协调行为，它们在人格运作上都是一样的，我们为了满足渴望，所以不断产生冲动。情绪失控行为和情境协调行为的区别如下。

- **情绪失控行为**是因满足渴望的冲动与现实考量的因素之间存在较大的鸿沟，达到了无法被调和的程度，而且冲动也过于强烈而产生的，它不符合情境期待。
- **情境协调行为**是因满足渴望的冲动与现实考量的因素之间达成了妥协方案，最终兼顾了心理和现实双方面的需求而产生的，它符合情境期待。

至此，我们了解了人格运作的全部过程，了解了渴望、情绪冲动和表达之间的关系，这对于学习人格的知识至关重要。在前文中，"情境"一词一再出现。情境和人格就好像一对欢喜冤家，相互纠缠不清。我们再来谈谈情境与人格的关系，以总结本书第一部分至此的全部发现。

再谈人格与情境

提到生孩子，你就会想到女性，因为造物主赋予了女性生育的功能。

生孩子和女性之间的强联系是因为上天赋予了女性生育的功能，那么情境在人格运作过程中一再出现，也是因为某种功能的存在吗？

物竞天择的进化法则让一切生物的功能存在的目的都是更好地适应环境，以长久生存。人类的心理和生理也一样，人类的心理机制存在的目的就是让人类能够更好地适应情境，进而更好地生存。所以，情境在人格运作过程中一再出现就不足为奇了。

时刻监控情境是否能够满足渴望的这种机制其实并不是为人格专门设计的，而是为了生存。无论是因为没有满足渴望而产生情绪冲动，还是在情绪冲动产生之后做现实考量，都是人类历经千百万年的进化为了保障生存而形成的重要机制。

如果这些心理过程都是最普遍的心理过程，那么人格到底是如何形成的？

人格类型就是由这个过程中的内容差异而形成的，因为天生和幼年时期造就的情绪大脑的构造差异使我们的心理机制渐渐产生了巨大差异。情绪大脑的构造差异让我们拥有某种情绪敏感的状态，情绪敏感状态让我们饱受情绪困扰，进而产生了想要摆脱情绪困扰回到某种感觉状态的渴望。这些渴望和情绪敏感成了人格的种子，形成了人格作用的机制。当触发情境出现并破坏了渴望，我们就会产生情绪冲动，让我们想要采取行动回到渴望中。

因此，我们发现，人格运作就是以人类基本心理机制为基础的运行过程，人格类型是人类基本心理过程运作中产生的内容差异。构成这种内容差异的核心原因（由于情绪脑构造差异导致的情绪敏感状态差异）造就了我们的核心渴望和常被触发的情绪冲动之间的差异，而这正是人格的形成原因。

在这个过程中，情境的作用非常关键——它既是激发人格运作的原因，又是限制人格表达的原因。

当现实中存在某种特定的特征时（即渴望与情境冲突），我们的心理就会拉响警报，这时人格就开始运作，经过一系列过程，我们产生情绪冲动，并且强度随着情境的持续存在而持续上升。当这种强度达到体验阈值时，我们就能意识和体验到；当这种强度达到了行动阈值时，我们就想要采取行动。然而，在真正采取行动前，我们会依据情境中的一系列因素来进行现实考量，以确保我们的行为符合社会情境期待，不会被所处的社群排斥。

这样，我们既远离了渴望会被破坏的危险，又没有因为这种远离危险的冲动而让自己被群体抛弃。人格运作的目的就是让我们达到这样的状态：既能够最大限度地满足渴望，又能够尽量被自己所处的人类群体所接纳。

当满足渴望和现实考量之间的冲突较小时，我们能够形成妥协方案，最终得以形成情境协调行为；当满足渴望与现实考量之间存在无法逾越的鸿沟时，最终使我们形成了过于强烈地想要满足渴望的情绪冲动状态，这时我们就会被这种情绪冲动所支配，从而产生情绪失控行为。

情绪失控行为对人类的影响比较大，因此被前人不断总结研究，最终形成了早期的九型人格——九宗罪，即九种不同的情绪失控倾向。而九宗罪经过九型人格学者的整合，以及现代心理学的发展，最终形成了九型人格冲动论——关于人格冲动过程的详细描述。

至此，我们清晰地了解人格运作的全部过程，稍后我们还将更深入地探讨冲动的表达部分。在第一部分的最后一章，我们将探讨冲动的多样化表达，以及有哪些因素造就了这种多样化表达。

第 5 章

冲动的多样化表达：
同一种冲动，多种多样的表达

一种冲动，多种表达

> 同样是喜欢美食，有的人喜欢川菜，有的人喜欢粤菜。

如今，人们获得满足的方式多种多样，但是需要满足的欲望只有有限的几种。我们就拿最根本的生理欲望中的吃为例，看看一种欲望可以衍生出多少种满足方式。

假设在不同的国家有两位美食爱好者，他们的教育背景不同，穿衣风格不同，喜欢吃的菜式不同。虽然他们有诸多不同，但我们知道他们都是美食爱好者，他们对于美食的强烈欲望和热爱是相同的。通过衣着、说话方式、经历等因素，我们是否能确认他们对美食的欲望呢？也许我们能找到一些线索，却无法确认他们都有对美食的强烈欲望。

我们只有观察他们在等待美食、当美食被端上、品尝美食或者谈论美食时的一系列反应——兴奋的状态、看美食的专注样子、吃美食的享受程度等，才能够看到他们对美食的欲望运作的时刻，才能够确认他们存在对美食的强烈欲望和热爱。

这两位美食爱好者在面对美食的时候都会出现同样的生理反应。

然而，他们可能喜欢不同的菜系、不同的菜品、不同的烹饪方法。

因此，所有心理反应的表达都有无数种可能性，我们无法通过表面的表达来确认是否存在某种心理反应。我们只有透过多样性的表达现象看到背后的心理反应运作的迹象和证据，才能够通过看见的方式来确认这种心理反应的存在。

欲望与满足方式是这样，冲动与表达方式也是这样。

表达过程的心理机制

> 在想你的时候，我可能发一条信息给你，也可能只是默默思念。

现实中常常会有这种有意思的现象：一个人说了自己的主观感受，可是另一个人却不相信。比如，我曾问另一位讲师："怎么样才能够在台上像你那样一点也不紧张呢？"他回答："我也很紧张啊，只是我学会了如何不让学员们看出来罢了。"

主观感受和客观表达不一致的现象在现实中确实常常发生，特别是在亲密关系当中。比如，丈夫出差回家告诉妻子："出差的时候我特别想你。"妻子却说："我怎么没看出来？你连一个电话都没给我打过。"

在生活中，每个人基本上都会在一定程度压抑、隐藏、扭转、替代由于某种心理活动而引发的现实表达。有些人是因为某些经历形成了多种表达限制的模式，还有一些人习惯于运用某种表达形式，这些都是形成主观感受和客观表达不一致的原因。

我们可以借助以下表达过程模型来表示主客观反应不一致的现象：

情境——第一心理反应（自然的心理反应）——第二心理反应（心理

调整 / 心理限制 / 表达习惯影响后的反应）——表达（基于最终的心理状态的表达）。

在多样性的表达中，探索自然的心理反应已经是一件很困难的事，探索基于调整过的第二心理反应的表达对真实的自然心理反应探索形成了更加巨大的障碍。

当然，这是个坏消息，也是个好消息。坏消息是，我们几乎无法避免第二心理反应的出现，也无法避免个体选择多样化的表达方式。好消息是，不论第二心理反应多么频繁出现，第一心理反应都可以很大概率地在某些特定的情境下表达；即便是由于某些现实条件的原因导致第一心理反应完全无法自然地表达，必须经过某种调整过后才能够表达，个体也可以意识和体验到第一心理反应的存在。当然，有的个体能够自然而然地做到，有的个体则需要提升和训练觉察能力才能做到。

找到第一心理反应就是觉察人格的过程，而探索第二心理反应常常涉及心理创伤、工作需要、社会期待等各种因素。在多样化表达这个过程中有三个影响最大的要素——本能类型、表达倾向和心智成熟度，那么这三个要素如何影响表达过程模型呢？

本能类型、表达倾向和心智成熟度

> 如果你有三个孩子，你就需要分别了解他们的不同。

同一道菜就算是依照同样的烹饪流程，也会有人做得好吃，有人做得一般，原因在于食材的品质和火候的掌握。烹饪流程就好比人格过程，确实存在一些重要的因素会影响这个基本心理过程的最终产出，即表达。我们称这些因素为"关键属性"，它们也是会影响整个流程结果的最核心要素。

本能类型、表达倾向和心智成熟度就是人格表达过程中存在的三个关键属性，了解它们对于理解人格表达过程至关重要。

对这三个属性可以进行以下不那么严谨的类比。

- **本能类型**。这个属性主要影响第一心理反应的表达方向和范围，比较接近每个人对自己生活领域的划分，其核心是每个人都有自己更加在乎的某种基本生活领域，会在这种领域中投入更多时间和精力。
- **表达倾向**。这个属性主要影响是否以及如何形成第二心理反应，比较接近荣格提出的"内外倾"，其核心是自己的心理能量是会向外流淌，还是一直收敛着。
- **心智成熟度**。这个属性影响人格运作及表达的全过程，比较接近于丹尼尔·戈尔曼（Daniel Goleman）提出的"情商"，其核心是对于自己情感生活的觉察和管理能力。

本能类型

> 时间如此有限，我只能把它花在最重要的事上！

在所有的表达影响因素中，最影响人格自我觉察和人格识别的因素就是本能类型。这个概念在之前的九型人格书籍中有许多不同的名字，比如副型（海伦·帕尔默）、副型领地［苏珊·罗德斯（Susan Rhodes）］，以及本能和本能变体（唐·理查德·里索和拉斯·赫德森）。

我们的生活非常复杂且时间又如此有限，因此，我们只能把有限的时间分配到我们最在乎的生活领域中。要想知道是什么决定了我们最在乎的生活领域，就要先了解有哪些基本的生活领域。基本的生活领域有以下几个：

- **实际生活领域**是关于我们的**安全感**的，主要是关于基本生存需求（如衣、食、行等），需要为能够照顾好自己做充分的准备；
- **亲密生活领域**是关于我们的**联结感**的，主要是关于依恋关系和亲密关系，我们希望探索和拥有我们渴望的亲密状态；
- **社群生活领域**是关于我们的**归属感**的，主要是关于我们与周围群体的关系，我们希望可以被集体认可，在集体中获得一定的地位，为集体创造价值。

这些生活领域与以下三种不同的本能有关：

- **自我保存本能**负责生存，这种本能促使我们渴望拥有充分的资源，以满足我们的基本需求；
- **性本能**负责亲密和繁衍，这种本能促使我们探索深刻的联结，创造激烈的火花让彼此更亲近（并不是狭义的性关系，而是广义的亲近状态）；
- **群向本能**负责趋向群体，这种本能促使我们与群体保持良好的关系，通过自己的努力去维护群体利益并惠及自身。

因此，本书用"本能类型"这个词来表达对重视不同基本生活领域的心理结构。

本能类型对于人格运作表达最大的影响在于，对于那些属于同种人格类型但在意不同本能的人而言，由于人格在不同的生活领域运作的具体表现不同，因此他们会有各自独特的体验，甚至无法产生共鸣。

这是人格学习的最大难点，即虽然两人属于同一种人格类型，但是一个人表现出的许多现象，另一个人可能没有；虽然表达倾向和心智成熟度也会在一定程度上影响人格表达，但是本能影响得更加彻底。

为了更容易理解这个现象，我们还是以美食爱好者为例。同样是美食爱好者，喜欢吃辣的美食爱好者在谈论自己享受美食的体验时，不喜欢吃辣的美食爱好者可能无法产生共鸣，原因并不是这位美食爱好者不喜欢美食、没有对美食的渴望和冲动，而是他没有"吃辣"的体验。

同一心理过程在不同生活领域的表达会形成具体的体验，而我们在日常交流时，交流的往往不是心理过程而是具体的体验。因此，当我们用具体体验去表示心理过程时，就会让一些没有这种体验但有相同心理过程的人感到迷惑，这也是许多九型人格理论初学者会遇到的问题。

因此，对于本能类型的认识是非常重要的。在传统的九型人格教学中，这个概念被称为"副型"，本书之所以不用"副型"这个概念，是因为其英文"subtype"的意思是"附属的子类型"，但是人格类型和本能类型却不属于这种情况。本能类型不是在人格类型的基础上形成的，它是一个单独的心理过程，不是附属的。因此，我用"本能类型"这个词替代了"副型"一词。我们将在本书的第二部分更为细致地探讨每种人格类型因本能类型而对表达带来的影响。

表达倾向

> 有的人喜欢把话都说出来，有的人则喜欢把话藏在心里。

每个人都有自己的主观感受，但并不是每个人都会表现出来。关于如何处理和面对自己的主观感受，每个人都有自己的方式。

我们可以借用荣格关于"内外倾"的人格分类来更好地理解每个人在面对自己主观感受时所采用的方式：

- **外倾**，有这种特质的人就是我们日常理解的外向的人，喜欢表达主观感受；

- **中间**，介于二者之间的人不像外倾那么喜欢表达，也不像内倾那么不愿意表达；
- **内倾**，有这种特质的人就是我们日常理解的内向的人，常常把主观感受隐藏在心里。

当然，以上只是对"内外倾"概念的简单解读，荣格所讲的要比这个更加复杂、精细。它的形成和原生家庭的养育方式有关——主要养育者（孩子幼年生活的主导照料者可能是父母，也可能不是）教育孩子如何面对自己的主观感受，造就了孩子在表达倾向上存在差异。

有的养育者教导孩子有感觉就要讲出来，接受这样养育的孩子更容易将自己的主观感受进行较为直接的表达，我们称之为"直接表达"；有的养育者教导孩子要思考如何更得体地表达，强调想一想再进行表达，接受这样养育的孩子在面对自己的主观感受时容易表现出纠结，更多地思考该如何表达自己的感受，我们称之为"选择表达"；有的养育者教导孩子不要表达自己的主观感受，强调按照当下环境的要求去做，接受这样养育的孩子比较容易压抑自己的主观感受，更多地把主观感受放在心里，我们称之为"压抑表达"。

让我们总结一下这三种表达倾向。

- **直接表达**：第一心理反应被更多地表达，第二心理反应会相对较少的影响第一心理反应。一般体现为，只有在重要的必须调整的情境下才进行心理调整，表达第二心理反应，在其他的情境下都更容易表达第一心理反应。
- **选择表达**：在大部分的情境中，为该选择表达第一心理反应还是该调整表达第二心理反应而纠结。一般体现为，在非放松情况下表达第二心理反应，在放松情况下表达第一心理反应。
- **压抑表达**：第一心理反应被更多地压抑了，大部分的第一心理反应都被调整为第二心理反应并进行表达。一般体现为，在非安全的环境中表达第二心理反应，在仅有的少数安全环境中表达第一心理反应。

我们可以发现，从直接表达到压抑表达的变化就是第一心理反应被第二心理反应代替了的变化。那么，这三种表达倾向对于人格识别过程存在什么样的影响呢？

我们可以直观地感受到，越偏向于直接表达，就越容易进行人格识别，因为人们在交流过程中更多地表现出原始自然的第一心理反应，这会让人格运作存在越多的直观线索，帮助我们更容易看到人格运作瞬间；而越偏向于压抑表达，就越难以进行人格识别，因为在交流过程中直观线索越少，越趋向于隐匿内心活动，表达的是经过调整后的第二心理反应。第二心理反应会阻碍对第一心理反应的探索，从而阻碍我们看到自然真实的人格运作过程。

关于每种人格类型的表达倾向，我们也会在本书的第二部分进行更为细致的探索。

"表达倾向"是我的独创性概念，在其他的九型人格书籍里并没有这个概念，也正是因为有它，在我的九型人格系统——九型人格冲动论中才没有"侧翼"和"动态迁移"的概念。这是因为这两个概念并非对冲动的介绍，是毕达哥拉斯主义（万物皆数和图形推演能够揭示万物奥秘）的产物，它们的意义在于，使古板的特质论也能够包含人格多样化表达现象，使特质理论更贴近实际情况。当然，它们的问题就是这两个概念来自人的主观构建，而不是基于客观观察，这使得它们无法准确地描述人格过程受多样化表达影响的具体过程。

心智成熟度

> 年龄的成熟未必会带来心智的成熟，这个世界上有太多不成熟的成年人。

从出生开始，随着时间的流逝和身体的成长，我们的心智也在变得成熟。只要没有特殊的疾病，身体就一定会变得成熟；而心智变得成熟却比身体成熟更加艰难，并不是每个人都能完成，因此这个世界上才会有许多不成熟的成年人。

那么，什么是心智成熟呢？我们把刚出生的婴儿的心智状态作为心智最不成熟的状态，就很容易理解什么是心智成熟了。刚出生的婴儿会简单地表达自己所有的冲动，而且他们强烈需要理解和满足这些冲动，他们对情境没有清晰的认识，他们会不分场合、不分时间地表达自己的冲动。这些特点放在婴儿身上我们是可以接受的，因为社会对婴儿的社会情境期待就是认为他们心智不成熟；但是如果这些特点出现在成人身上，我们可能就无法接受了，因为社会对成人的社会情境期待要高得多。

我们可以用这样一句话总结心智不成熟的状态（即冲动任性）或核心特点：不考虑情境，简单表达冲动的以自我为中心的状态。可见，心智不成熟的人冲动任性，且更容易出现情绪失控行为；而心智成熟的人则很少会表现出冲动任性，他们能够更好地处理和平衡冲动与情境之间的关系，能做出更多的情境协调行为。

那么，为什么许多人无法从心智不成熟的状态成长到心智成熟的状态呢？

弗洛伊德和他的追随者对这个问题展开过大量的研究，并得出了这样的结论：人类的心理发展遵循着一个阶梯式的成长规律，在每个心理发展阶段，遭遇了创伤或者缺乏正确的心理资源都会导致无法完成突破这个阶段的关键任务，最终导致心理的发展停滞在了那个阶段。

那么，心智成熟与否又会如何影响表达过程呢？简单地说，心智成熟与否决定了心理过程的僵化程度——越成熟，越灵活；越不成熟，越僵化。僵化的后果就是当人们面对复杂变化的现实世界时会失去心理结构应有的适应性。僵化的加剧将导致情绪任性越来越强烈，情绪失控行为变得更加频繁，对生活也会产生越来越强烈的影响。

这进而又会影响人格识别和人格提升。心智成熟度越低，心理过程越僵化，人格运作就越强烈，越难以控制，也越容易被体验到，并驱使行动。随着心理机制表达的多样化降低，心理过程表达变得越并越单一，适应性也变得越来越差，这会降低人格识别的难度，提高人格提升的难度。反之，心智成熟度越高，人格识别越难，但人格提升越容易。这是因为这个时候心理过程更加灵活，表达的多样化得以提升。人格运作的冲动强度也越来越弱，不太容易被体验和驱使行动。

本书简单区分了以下三种心智成熟度状态。

- **成熟：高心智成熟度的状态**。心理功能体现为更好的适应性和功能性，拥有较为良好的心理状态。更多表现出情境协调行为，较少会做出情绪失控行为，更容易获得成就和人际关系的和谐稳定。

- **一般：中心智成熟度的状态**。心理功能体现为部分情境下的适应性和部分情境下的适应不良，即在有些情境下心态良好，在有些情境下心态不良。部分情境下可以表现出情境协调行为，部分情境下会常有情绪失控行为。与成熟的状态相比，这个状态拥有更多的内心冲动，在人际关系上也更为紧张，偶尔会产生冲突。

- **扭曲：低心智成熟度的状态**。心理功能体现为大部分情境中缺乏适应性，也就是常常表现出不好的心理状态。更多表现出情绪失控行为，也会常常因为这些情绪失控行为导致工作、家庭和人际生活出现各种各样的问题。

在本书第二部分，我们会对每种人格类型的心智成熟度对人格反应的表达过程进行一些更为细致的探讨。

"心智成熟度"这个概念是基于唐·理查德·里索和拉斯·赫德森共同创造的概念（健康度）发展而来的，我认为"成熟"比"健康"这个词的否定性更弱一些，而且从不成熟到成熟是任何事物发展的必然过程。因此，本书采用了"心智成熟度"这个词，并且这个概念也更容易结合心理学来发展九型人格理论。

总结多样化表达

> 没有深入的总结，就没有深刻的理解！

人格和表达可以总结为：人格过程和表达过程是两个心理过程，需要将二者区分开，这样才能不让表达过程影响我们对人格过程的认识和识别。

- 人格过程模式：情境——核心渴望——冲动（伴随情绪和非语言信息）就是表达过程中的第一心理反应。
- 表达过程模式：情境——第一心理反应（自然的心理反应）——第二心理反应（心理调整/心理限制/表达习惯影响后的反应）——表达（基于最终的心理状态的表达）。

表达过程主要存在三个影响因素，分别是：（1）本能类型决定了第一心理反应更多进行表达的领域；（2）表达倾向决定了有多少第一心理反应被第二心理反应代替；（3）心智成熟度决定了整体心理过程的僵化程度。这样我们就能够更好地掌握人格过程和表达过程，进而更好地认识人格过程本身，这就是我们探讨多样化表达的目的。

因此，要想真正了解自己属于哪种人格类型，就需要从多种多样的表达中溯本求源，探索表达背后的心理运作，看到人格运作的瞬间，这样才有机会在最终接近真相。

本章的目的是让你了解影响表达的众多因素。其实，除了本书中介绍过的因素，还有众多无法介绍的影响表达的因素，它们一般和当下的情境相关。无论如何都可以确定的是，任何表达都是个性化的过程，而心理过程则是普遍性的机制。从个性化的过程中发现和找到普遍性的机制正是个体探索心理世界的本质需求和意义。

在第一部分中，我们对人格冲动有了全面的认识，对人格运作的心理过程也有了详细了解。在第二部分中，让我们看看具体的九种人格类型。

第二部分

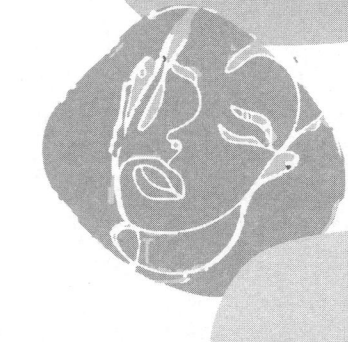

九种人格冲动

第6章

1号秩序型：让一切都井井有条

人格运作模式

关于秩序和秩序感

> 谁都不喜欢自己的东西被弄乱。

人们有一种天然的对于整体性的追求，西方现代心理学的主要学派之一——格式塔心理学（gestalt psychology）研究的就是人们对完整性的追求。格式塔心理学又被称为"完型心理学"。"格式塔"是德文"gestalt"的音译，意为"整体"。

请读两遍数字"12356789"，你是不是感觉缺了点什么？是的，你可能会感觉应该有"4"，这组数字缺了"4"可能会让你感觉不舒服，而这种不舒服就是出于对整体性的追求。

对整体性的追求让人们对事物产生了一种"事物本来应该是什么样"的期待，这在日常生活中体现为对秩序感的追求。比如，人们常常会因为自己的东西被弄乱而感到不高兴。著名的幼儿教育家玛利亚·蒙台梭利（Maria Montessori）通过研究发现，幼儿在出生后的几个月就对秩序具有敏感性。他们通常以这样的方式表达对秩序的需求：看到东西摆放在平时固定的位置就会表现出快乐；看到东西摆放无序就可能发脾气；只要他们能做到，就会自愿地把东西放回原位。

第二部分　九种人格冲动

对秩序感的渴望就是希望事物能够符合其本来的样子，人类也正是因为存在对事物本来样子的看法才会基于这种看法而搭建"对"与"错"的观念体系，即我们常说的价值观体系。这种价值观体系形成于轴心时代[①]，经过延续和发展体现在现代社会的方方面面——法律、道德、公序良俗、家规、社交礼仪等。

如果个体渴望秩序感，就会期待通过个人努力创造和保持秩序。一旦这种期待被打破，个体就会产生情绪，并产生想要被打破的秩序回归本来应有状态的冲动，这就是 1 号秩序型人格类型（以下简称为"1 号人格"）形成的心理机制基础。

1 号人格运作过程

> 我要把弄乱的都归位！

人格运作模型

1 号人格运作模型见图 6–1。

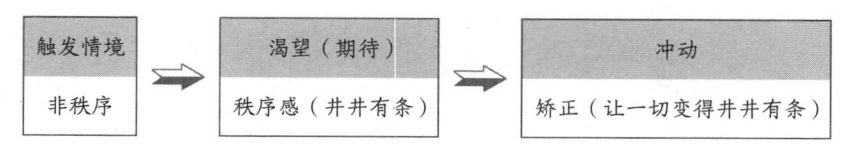

触发情境	⇒	渴望（期待）	⇒	冲动
非秩序		秩序感（井井有条）		矫正（让一切变得井井有条）

图 6–1　1 号人格运作模型

1 号人格强烈渴望秩序感，即希望事物保持井井有条的状态，这种状态被 1 号人格视为事物本来应有的状态。当他们发现现实生活中存在非秩序（即打破井井有条后的混乱）时会感觉非常不舒服，希望改变这种情况，让自己回到舒服的状态。他们进而会产生矫正那些非

[①] 人类文明的轴心时代是指在公元前 800 年至公元前 200 年间，在北纬 30 度左右的地区诞生了苏格拉底、柏拉图、佛陀、孔子、老子等先哲，人类文明获得了重大突破，至今都无法超越。

秩序的强烈冲动，这种冲动不断增强，就会促使他们做出一系列矫正的行为。

关于识别非秩序

从现实情况到心理情境的识别过程是非常个体化的，并没有哪种现实情况一定会被识别为某种心理情境的对应关系。因此，并不存在一定会被有1号人格类型的人识别为非秩序的情况，只有概率大小之分，而且还要看实际的情境。比如，东西乱了可能被识别为非秩序，但如果是小孩子弄乱的可能就不会被识别为非秩序，因为这是儿童生活的特定秩序。又如，态度不良可能被识别为非秩序，但如果是精神分裂症患者可能就不会被识别为非秩序——这是他们的特殊时期秩序。

因此，对于秩序状态的认定，我们不能用自己的看法来主观认定，而是要根据每个个体的心理信念系统对秩序的规则来认定。

关于情境和冲动

表6-1是关于1号人格的情境和冲动的不完全列举，都较为典型。不过，即使存在下述情况，也不能据此判断一个人一定为1号人格。

表6-1　　　　　　　　　1号人格的情境和冲动

冲动论（人格过程）		特质论（人格样貌）	
被识别为非秩序的触发情境	可能产生的矫正冲动	形象/特质论人格特征的来源	外号或评价
• 不注意细节 • 错误 • 脏乱差 • 不认真	• 重视态度 • 认错改正 • 收拾打扫 • 教育提醒	• 高标准、严要求 • 教育和批评 • 严苛、容易不满和挑剔 • 理想主义	• 老师 • 细节控 • 教条 • 吹毛求疵

专栏：体现 1 号人格运作的事例

案例 1：餐厅上菜顺序

事件

A 和朋友去餐厅吃饭。A 和邻桌客人点了同一道菜，结果邻桌客人比 A 下单晚却比他先上了这道菜，A 立刻生气地叫来服务员。服务员向 A 道歉并解释，但 A 仍非常不满并叫来了经理。经理向 A 道歉后，提出给 A 打折来解决此事。A 的朋友同意这个方案，A 却坚称："我不是想要打折，这不是打折的事，而是原则问题，你们这么经营可不行！"直到经理诚恳地承认这次的确是工作失误，以后一定严加管理，尽量避免再出现这种问题，A 的情绪才有所好转，对经理的态度表示认可并同意结束此事。

心理过程解析

A 把上菜顺序的错误识别为非秩序的心理情境，因此触发了 A 的情绪冲动，希望可以矫正这个非秩序。服务员的解释和经理提出的解决方式让 A 认为非秩序状况并不会得到改善。在经理认同了非秩序状况并表示要改善时，A 对当下情境的认识才得到了转变，情绪才有所好转。

总结

本事件中，A 对秩序感的渴望具体表达为：（1）上菜的正确顺序；（2）餐厅服务人员面对错误的正确态度。

案例 2：别人"怕"见我，我是不是该调整一下

事件

B 在与人相处时常会这样说："你在……方面是不是该调整

一下？"比如，看到朋友头发长了，她就会提醒朋友应该去理发了；看到同事的工作失误，她也会直接提醒对方应该调整。可是，B 感觉大家好像都有点"怕"见到她，她也感觉到朋友每次见到她都很怕被批评，B 也因此感到苦恼，并思考自己是不是需要做一些调整。

心理过程解析

B 的调整就是矫正冲动的一种表达。她经常提醒别人矫正这些非秩序的情况，这在一定程度上损害了她的人际关系，使她进而感觉自己应该自我矫正人际关系的非秩序情况，思考自己是否需要做出什么调整以改善人际关系。这个案例体现了人格怪圈现象，即 B 一直在自己的人格模式中打转。只有减少了矫正冲动，B 的人际关系才能得以改善。

总结

本事件中，B 对于秩序感的渴望具体表达为：（1）头发应该保持在合适的长度；（2）应该认真对待工作，出现失误应该及时改正；（3）人际关系应该让彼此都舒适。

区分人格、一般心理和习得冲动模式过程

> 我只是喜欢干净，除了这个我都不会较真。

区分人格心理过程与一般心理过程

即使是一个人因看见秩序被破坏而产生情绪，也不能判断他就是 1 号人格。因为所有人都可能有过秩序被破坏而产生情绪的经历，但不能说每个人都是 1 号人格。心理机制必须属于人格支配的心理过程才是人格心理过程。为了区分 1 号人格的心理过程与一般心理过程对

秩序感的追求，我们列出了人格心理过程的三个特点，如下所示。

- **非必要性（在不必要的小事上也存在）**。不仅仅在有必要维持秩序的事情上或重要的事情上这样要求自己，在许多没有必要的小事上也这样要求自己。比如，调料瓶的摆放。
- **普遍性（泛化到生活的方方面面）**。如果仅在单一的情境中拥有维持秩序感的心理过程（如在工作中很严谨，对工作要求很高，但是回到家就很放松，并不要求秩序感），这就不是人格过程，因为不具有普遍性。
- **失控性（强迫地出现情境失调）**。现实生活的场景并不要求秩序，这时秩序也并不是最重要的，但是1号人格类型的人却因为自己渴望秩序而忽视了现实的实际需求，导致了情境失调现象的出现——在更适合非秩序的环境中依然要求秩序，比如在需要放松交流的时候依旧保持认真的态度。

因此，1号人格的心理过程实际上是指在生活的方方面面（从小到大、各个领域）都存在的，特别是在许多非必要的小事上强迫性维持秩序性的渴望和矫正的冲动。即便这种冲动和现实情境需求不一致，他们也会因为情绪过于强烈而常常表现出情绪失控行为——过分教条地坚持秩序和矫正。

一些很像1号人格的习得冲动模式会比一般心理过程更容易被错误地认为是人格心理过程，当然，借助上面的三个特点的区分，也能找到人格心理过程。以下列出的习得冲动模式和可能的来源，能让你更容易去思考和分辨：

- 礼貌的教养——很多是源于童年的家庭教育；
- 收拾、爱干净——很多是源于某位养育者；
- 做事严谨——很多是源于个人反思或者职业要求；
- 喜欢批评人——很多是源于以批评为主要教育模式的家庭；

- 习惯性的反省——很多是源于阅读习惯或者渴望成长的愿望。

人格运作的信号

> 任何发生过的事都会留下痕迹。侦探就是通过这些痕迹最终发现了事实真相。

如果你能够充分理解本章"人格运作模式"小节的全部内容，并经过自我觉察后觉得自己很有可能是 1 号人格，那么下面这些内容可以帮助你在日常生活中更好地觉察人格心理过程运作的瞬间。

内在 – 觉察信号

觉察信号就是人格心理运作过程的体验痕迹，自己出现了什么样的感觉常常意味着人格被触发或者正在运作呢？

- 隐约感觉到好像不太对；
- 全神贯注于问题点；
- 过分认真的时候；
- 肌肉紧绷；
- 想要纠正问题；
- 想要教育或者批评；
- 觉得别人在捣乱。

外在 – 观察线索

观察线索就是人格心理运作过程的表达痕迹，对方表现出什么样的线索常常意味着人格被触发或者正在运作呢？

- 表情变得严肃；
- 语气变得认真；
- 身体变得僵硬；

- 语言表达为纠错；
- 要求认真对待；
- 被涵养压抑的愤怒。

多种表达

同样的人类基因机制造就了形形色色的人类个体。

本能类型

自我保存本能（实际生活）：细致生活者

他们的人格心理过程更多地体现在实际生活的众多细节中，比如所处环境是否干净有序、吃的是否健康、作息是否规律、穿得是否板正、坐姿和站姿是否笔挺等这些方面的秩序性，因此他们在这些方面表现出高度的自律性，这种状态让他们感觉很安全。最常见的是洁癖，对实际生活中的秩序性过分追求的情况，也常常要求其他人在自己的空间内做好保持工作。他们也相对比较自律，为了维护实际生活的秩序性，通常只有基于自律才能够做得到。他们希望自己的生活空间内的秩序不被打破，这是他们安全感的基础。

性本能（亲密生活）：关系改进者

他们的人格心理过程更多地体现在亲密关系的相处细节中，比如相互之间的态度、是否能够共同进步、是否可以拥有更多的共识、彼此做事的步调是否协调等这些方面的秩序性。最常见的是探讨观念共识，他们希望和亲密关系对象拥有更高的同频程度，让彼此的观念和行动步调达成一致，会让他们感觉到深入的联结感。他们很愿意和亲密关系对象共享标准、彼此好的观念习惯，相互借鉴和影响，共同进步一起变好。他们希望自己和亲密关系对象的秩序不被打破，这是他们联结感的基础。

群向本能（社群生活）：规矩维护者

他们的人格心理过程更多地体现在社群生活的运行细节中，比如社群是否有合理的规则、规则是否被执行、每个人对待社群是否认真、关于权力是否有滥用和监督等这些方面的秩序性。最常见的是维护规矩，他们希望社群中的每个人都能够遵循社群的秩序，让大家共同建立井井有条的群体生活，会让他们感觉到稳定的归属感。在社群生活中，他们会表现得缺乏弹性，完全按照规则而不是人情世故来做事，甚至可能因此损害人际关系，他们也会继续坚持原则。他们希望自己所在的社群的秩序不被打破，这是他们归属感的基础。

表达倾向

直接表达：细节要求者。他们更加倾向于直接表达自己的人格冲动，会在生活的大事小情中去表达自己对秩序的渴望和矫正冲动，因此会被他人感知到更多对于细节的要求。

选择表达：要事纠正者。他们会因为不清楚当下的情境是否应该表达自己的人格冲动而比较纠结，进而放弃表达许多小的矫正冲动，保留表达重要的矫正冲动，他们会首先判断这个情境是否适合表达、适合什么样的表达，再根据情境去选择表达冲动的方式。

压抑表达：压抑自律者。他们不喜欢表达自己的人格冲动，特别是关于他人的方面，更多的人格冲动被压抑了，由第二心理反应所替代。然而，他们会表达关于自我要求的部分，会自律地保持自己生活的秩序。

心智成熟度

完善：教育家。他们的冲动不具强烈的强迫性，更多地表现为对自己和周围人的正面提醒，这种提醒可以促进自己和周围的人变得更好，通过不断地改进成为更好的自己。这种非要求性的提醒就好像教育家一样，通过自己的努力不断促进成长。

一般：老师。他们的冲动开始具有一定的强迫性，更多地表现为要求和批评相结合的方式，这种提醒也能够在一定程度上让自己和周围的人变好，但是比较容易让人产生情绪和不适感。这种状态比较像老师，有更加严格的要求。

扭曲：强迫者。他们的冲动基本已经完全失控，处于强迫状态，更多地表现为对秩序的非理性要求，任何一点非秩序状态都是难以忍受的，在这个状态下开始产生病态倾向，对心理健康的损害比较严重。这种状态下比较容易形成强迫思维，对待生活的一切都吹毛求疵。

人格运作对生活的影响

> 太阳的一丁点变化，都会对太阳系中的每个部分产生巨大的影响！

个人与情绪困扰

紧绷和自责。为了防止秩序被破坏，1号人格类型的人需要时刻保持在紧绷状态中，一旦秩序因自己的行为而遭到破坏，他们就会很自责。

不满和生气。1号人格类型的人总会因为细小的错误而感到不满，这些不满会慢慢累积、愈发严重，最终会让他们感到十分生气。

沮丧和抑郁。多努力也无法彻底消除非秩序，这让1号人格类型的人很沮丧。当他们觉得实现秩序变得渺茫时，就会陷入抑郁状态。

人际与家庭生活

认真和捣乱。1号人格类型的人的认真很容易和别人的随意自在发生冲突，他们觉得别人是在"捣乱"，别人觉得在他们面前很有压力。

上进和堕落。1号人格类型的人的上进很容易和别人的安逸发生冲突，他们觉得别人是堕落的，而别人觉得他们自我标榜、假清高。

清楚和模糊。1号人格类型的人对清楚的要求很容易和别人的模糊态度发生冲突，他们觉得别人说话模棱两可、很含糊，别人觉得他们太过于较真。

天赋与职业优势

细节把控。只有细节得到有效把控，才能够获得好的结果，而这正是1号人格类型的人的强项，他们的"挑剔"提升了细节的品质。

执行力。执行力是结果的保障，只有自律才是强大执行力的基础，1号人格类型的人习惯并擅长保持秩序性。

公正不阿。内部管控是一件既重要又不容易的事情，不论是面对特权阶级还是威逼利诱，他们都能较好地执行既定的规则。

人格觉察和提升练习

> 要想长肌肉，就要每天坚持锻炼，没有其他任何捷径。

随着人格运作阶段的不同，进行觉察和调整的难度也会有所不同，因此我们按照从易到难、循序渐进的模式设计了一系列的觉察和提升练习，有助于更加有效地提升人格。

行动阶段

觉察点（本阶段人格运作的核心线索）：自责、说教

当1号人格类型的人开始自责，或者开始说教别人时，说明其人格模式运作已经达到了行动阶段，马上就要做出损害自我心理健康（自责）或者损害人际关系（说教）的行动了，此时需要对行动的内容进行调整，才能够避免造成损害。

提升方法：已经做得很好，如果……就会更好

1号人格类型的人习惯使用问题型建议方式（即这样做有问题，下次不能这么做，应该如何做），这种方式会引起自尊的贬损或者情绪的不适。更好的方式是调整为使用改善型建议方式（即已经做得很好了，如果……就会更好），这既包括给自己的建议，也包括给他人的建议。当使用这种方式时，既肯定和认同了当下的状态，又对未来如何更好指出了方向。

练习

每天早上提醒自己：今天要觉察自己想要自责和说教的时刻，一旦觉察到出现自责和说教，就要练习将问题型建议方式转换到改善型建议方式。到了晚上，总结这一天出现了多少次这样的冲动，有多少次有意识地成功调整了自己的建议方式。

体验阶段

觉察点（本阶段人格运作的核心线索）：紧绷、不满

当1号人格类型的人感觉到自己身体紧绷或者有不满状态时，说明其人格运作到了体验阶段，这种状态会影响身体健康，如果不加干预就很容易发展到行动阶段，这时就需要即时进行调整。

提升方法：放松

当1号人格类型的人可以放松的时候，身体的紧绷状态就能够得

到缓解，不满的情绪也能够减少。可以这样放松：做 10~20 个深呼吸，从头到脚去放松每一块肌肉。由于 1 号人格类型的人常常处于紧绷状态，因此建议他们每天早晚都进行放松练习，以改善长期的紧绷状态。

练习

每天早上提醒自己：今天要觉察紧绷和不满的时刻，当觉察到这些时刻之后，用上面的提升方法放松身体。同时，早上起床后做一遍放松练习，让自己以比较松弛的状态开始新的一天。晚上总结这一天出现了多少次这样的时刻，有多少次有意识地成功调整获得放松。同时，晚上睡觉前做一遍放松练习，让自己以更放松的状态进入睡眠。

触发阶段

觉察点：评判

1 号人格类型的人旺盛的评判机制是触发阶段的核心，他们生命的大部分时间都在判断事情是否符合秩序感。如果能够减少评判，就能最大限度地改变他们"非此即彼、非黑即白"的思维模式，让他们感受到更强的情绪弹性和可控性。

提升方法：通过正念练习学会整体接纳

评判，需要不断地关注和评估自己的经验流，通过正念练习可以学习如何在关注经验流的情况下，不进行评估和评判。具体的操作方法是练习一种放空的状态，练习让自己在不使用任何标准衡量的状态下看到事物的本来样子。事实证明，通过大量的练习可以进入正念状态。

练习

回忆自己之前的正念状态：非评判状态是什么样的？是什么能够让自己进入这种状态？做什么能够帮助自己回到那种状态？每天早

上提醒自己：今天要觉察评判的时刻，当觉察到这些时刻之后，练习回到正念状态，即自我觉察的非评判状态。晚上总结这一天出现了多少次这样的时刻，有多少次通过有意识地调整，让自己成功回到正念状态。

第7章

2号照料型：让每个需求都被及时响应

人格运作模式

关于共情和关怀感

当在乎的人处于痛苦之中，任何人都会渴望去做点什么。

人天然具有一种感同身受的倾向，心理学称之为"共情"。因为共情，我们能够体会别人的感受。当任何我们在乎的人处于痛苦之中时，我们也感到痛苦并知道他需要摆脱痛苦。当他自己无法摆脱痛苦时，我们甚至会强烈希望通过自己的努力帮他摆脱痛苦。期待每个生命都能够被关怀的心理追求，就是对关怀感的追求，就是我们愿意帮助每个个体都能够从痛苦中走出来。

我们从儿童时期就开始拥有共情和感知痛苦的能力。有心理学家专门研究了儿童共情能力发展过程。儿童发展心理学家威廉·达蒙（William Damon）在1988年对从婴儿期至青春期的儿童共情能力发展变化的研究结果，参见表7-1。

表 7–1　　　　　婴儿期至青春期的儿童共情能力发展变化

年龄	特征
婴儿早期	对自我的情感和需要之间的边界很清楚，但不能区分自我和他人的情感与需要
1~2 岁	能够将辨别他人悲伤的情感发展为真诚的关心，但还不能将这种情感真实化地转变成有效的行为
3~9 岁	意识到每个人的观点都是独特的，不同的人对同一情境会有不同的反应。借此，会对他人的悲伤做出更适当的反应
10~12 岁	发展出对处于困境中的人（穷人、流浪者及残障人士）的共情。到了青春期，这种共情能力将对个体的意识形态和价值观念带来人道主义的色彩

对关怀感的渴望，就是希望生命个体都处在舒适的状态，针对每个个体的需求进行足够的照料，实现这种关怀。个体如果渴望关怀感，就会产生通过个人努力创造生命个体处于舒适状态的期待。一旦这种期待被打破就会产生情绪，并期待可以通过照料那种需求（处在痛苦状态）的努力，促使被打破的状态恢复，这就是 2 号照料型人格类型（以下简称为"2 号人格"）形成的心理机制基础。

2 号人格运作过程

我要让每个需求都得到及时的照料！

人格运作模型

2 号人格运作模型见图 7–1。

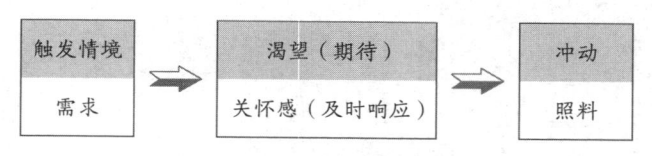

触发情境	⇒	渴望（期待）	⇒	冲动
需求		关怀感（及时响应）		照料

图 7–1　2 号人格运作模型

2 号人格类型的人强烈渴望关怀感，即希望及时响应需求，这种状态被 2 号人格类型的人视为事物本来应有的状态。一旦他们发现现实生活中存在需求（即痛苦状态）没有被及时响应，就会感觉非常不舒服。为了让自己回到舒服的状态，他们会产生希望改变这种情况的冲动。这种冲动不断增强，就会促使他们做出一系列照料的行动。

关于识别需求

从现实情况到心理情境的识别过程是非常个体化的，并没有哪种现实情况一定会被识别为某种心理情境的对应关系。因此，并不存在一定会被 2 号人格类型的人识别为需求的情况，只有概率大小之分，而且还要看实际的情境。比如，做客时看到对方家里乱了、家人因瘦身而处于饥饿的状态、某个朋友没有对象等，也可能被 2 号人格类型的人认定为需求；而对于大多数人认为需求的情境，比如直接提出的请求、某种强烈的要求、某些希望维护的界限等，却可能不会被 2 号人格类型的人认定为需求。

因此，对于需求的认定，我们不能用自己的看法来主观认定，而是要根据每个个体的心理信念系统对需求的规则来认定。

关于情境和冲动

表 7-2 是关于情境和冲动的不完全列举，都较为典型。不过，即使存在下述情况，也不能据此判断一个人一定是 2 号人格。

表 7-2　　　　　　　　2 号人格的情境和冲动

冲动论（人格过程）		特质论（人格样貌）	
被识别为需求的触发情境	可能产生的照料冲动	形象/特质论人格特征的来源	外号或评价
• 不该存在的痛苦状态 • 在乎人士的期待 • 某些缺乏状态 • 合理的请求	• 努力解除痛苦 • 想办法实现期待 • 帮助补足缺乏的事物 • 及时满足	• 热心助人 • 慷慨大方 • 他人优先，忽略自己 • 难以表达需求	• 菩萨心肠 • 暖男/知心姐姐 • 爱心人士 • 过度热心

专栏：体现 2 号人格运作的事例

案例 1：看到别人处于麻烦中，总想主动做点什么

事件

A 说看到别人处于麻烦中时，自己很难什么都不做，总是想要帮助对方。比如一个朋友失恋了，一直非常痛苦，A 总想着能陪她多聊聊天，尽可能帮助她减轻痛苦。所以当这个朋友给自己打电话时，即使 A 很累也会跟她聊一会儿，等她痛苦缓解了再休息。除此以外，当 A 在日常生活中看到陌生人处于痛苦中的时候，也很难袖手旁观。比如，A 会主动帮助老人安全过马路，这样才会觉得安心。

心理过程解析

A 感同身受朋友分手的痛苦，于是产生了希望做些什么帮助朋友减轻这种痛苦的动力。能够减轻这些痛苦的事，都是 A 会想去做的事。从上面的事件中也可以看到，不论是谁处于痛苦之中，A 都想借助自己的力量去帮别人减轻那些痛苦。

总结

本事件中，A 对关怀感的渴望具体表达为：（1）主动去陪因分手而难过的朋友；（2）主动帮助老人过马路。

案例 2：难以控制帮助的尺度，让自己有点烦恼

事件

B 觉得自己很难控制帮助他人的尺度，特别容易过度帮助对方。比如，看到孩子学习很辛苦，B 总是会帮孩子做许多本该孩子自己完成的日常事务。朋友劝 B 多给孩子一些锻炼机会，否则孩子很难养成良好的生活习惯，B 也认同这个说法，可还是很难

控制自己。看到没有对象的朋友，B 总想替他们牵线搭桥，好像比当事人还上心。自己知道这样不好，但就是很难控制。

心理过程解析

过于强烈的关怀感驱使 B 做出过度的关怀行动，导致过犹不及。虽然 B 想调整这个状态，但是在对方出现需求时，很难控制自己的冲动状态。

总结

本事件中，B 对关怀感的渴望具体表达为：（1）帮助孩子完成本该孩子自己做的事；（2）替找对象意愿不强烈的朋友留意好的人选。

区分人格、一般心理和习得冲动模式

> 我只是很会照顾亲人，除了他们，我不太照料其他人。

区分人格心理过程与一般心理过程

即使一个人因某种需求没有被及时响应而产生情绪，也不能判断他就是 2 号人格。因为所有人都有过发现某种需求没有被及时响应而产生情绪的经历，所以不能说每个人都是 2 号人格。心理机制必须属于人格支配的心理过程才是人格心理过程，为了区分 2 号人格对关怀感的追求的人格心理过程和一般心理过程，我们列出 2 号人格的人格心理过程的三个特点，如下所示。

- **非必要性（在不必要的小事上也存在）**。不仅在有必要进行关怀的事情上或重要的事情上这样要求自己，而且在许多没有必要的小事上也这样要求自己。比如，看到电视剧里的人物受苦而心疼、主动去帮助不是特别熟的人。
- **普遍性（泛化到生活的方方面面）**。如果仅在单一的情境中拥有维持关怀感的心理过程，比如在家里很关怀自己的亲人，除了他们以外的人都不太会去主动关怀，那么这就不是人格过程，因为不具有普遍性。

- **失控性（强迫地出现情境失调）**。现实生活的场景并不要求关怀，这时关怀也并不是最重要的，但是2号人格类型的人却因为自己渴望关怀而忽视了现实的实际需求，导致了情境失调现象的出现——在非关怀更好的环境中依然去关怀，比如在需要让对方面对应当经历的痛苦时，无法忍受心疼的状态而出手替对方摆脱痛苦。

因此，2号人格的心理过程实际上指的是在生活的方方面面（从小到大、各个领域）都存在的、特别是在许多非必要的小事上强迫性地维持关怀感的冲动和照料冲动。即便这种冲动和现实情境需求不一致，也会因为情绪过于强烈而常常表现出情绪失控行为——过分教条地坚持关怀和照料。

一些很像2号人格的习得冲动模式会比日常的一般心理过程更容易被错误地认为是人格心理过程，当然，借助上面的三个特点来区分，也能找到人格心理过程。以下列出的习得冲动模式和可能的来源，能让你更容易去思考和分辨：

- 乐于助人——很多是源于童年的家庭教育或学校教育；
- 常为对方着想——很多是源于换位思考能力；
- 尊老爱幼，先人后己——很多是源于传统美德；
- 溺爱孩子——很多是源于某种教育观念；
- 以人为中心——很多是源于哲学思想或心理学思想。

人格运作的信号

如果你能够充分理解本章"人格运作模式"小节的全部内容,并经过自我觉察后觉得自己很有可能是 2 号人格,那么下面这些内容可以帮助你在日常生活中更好地觉察人格心理过程运作的瞬间。

内在 – 觉察信号。觉察信号就是人格心理运作过程的体验痕迹,自己出现了什么样的感觉常常意味着人格被触发或者正在运作呢?

- 隐约感觉到对方处于痛苦中;
- 全神贯注于解除痛苦;
- 过多投入对方感觉的时候;
- 持续心疼的出现;
- 想要照料需求;
- 想要采取帮助对方的行动;
- 觉得别人不够为自己着想。

外在 – 观察线索。观察线索就是人格心理运作过程的表达痕迹,对方表现出什么样的线索常常意味着人格被触发或者正在运作呢?

- 表情呈现出同情;
- 语气变得关切;
- 身体变得亲近;
- 语言表达为关心;
- 做着帮助的行动;
- 不够对等付出的委屈。

多种表达

本能类型

自我保存本能（实际生活）：切实照顾者

他们的人格心理过程更多地体现在实际生活中对需求（如食物是否足够、健康程度如何、衣服是否足够保暖等）的高度关注和照料上。最常见的是给予实际物资，过分追求实际生活中的关怀程度，也常常希望他人的实际生活需求能够得到足够的照料。他们也相对比较慷慨大方，为了能够帮助对方得到足够的照料，他们愿意拿出自己的物资给予那些缺乏的人。他们希望每个人的实际需求都能够获得充分照顾，这是他们安全感的基础。

性本能（亲密生活）：互相关爱者

他们的人格心理过程更多地体现在亲密关系相处中，以及彼此需求的互相照料中，比如彼此是否足够想着对方的需求、面对对方的需求时是否足够在意、相互之间是否能够满足对方等这些方面的关怀程度。最常见的是期待互相关爱，他们希望和亲密关系对象拥有更高的同频程度，彼此在意对方的需求并相互照料，这会让他们有深入的联结感。他们很愿意和亲密关系对象共同高度关心，彼此关注和关心，一起努力在意对方的需求和感受，让彼此在互相关心中越来越靠近。他们希望自己和亲密关系对象的互相关怀状态不被打破，这是他们联结感的基础。

群向本能（社群生活）：爱心贡献者

他们的人格心理过程更多地体现在社群生活的成员需求的关爱中，比如社群是否足够在乎每个成员的需要、社群制度是否足够人性化、社群运作是否考虑到大家的感受等这些方面的关怀程度。最常见的是贡献自己的爱心，他们希望社群中的每个人都能够互相关爱，集体中每个人的需求都能得到满足，这会让他们有稳定的归属感。在社群生活中，他们提倡人性化方式，认为按照僵硬的方式无法照顾每个人的需求和感受，只有足够重视每个个体才可以。他们希望所在社群的人性化状态不被打破，这是他们归属感的基础。

表达倾向

直接表达：热心服务者。他们更加倾向于直接表达自己的人格冲动，会在生活中的大事小情中去表达自己对关怀的渴望和照料冲动，因此我们经常看到他们主动热心照料别人。

选择表达：亲友关怀者。他们会因为不清楚当下的情境是否应该表达自己的人格冲动而比较纠结，进而放弃表达许多小的照料冲动，保留表达重要的照料冲动。他们会首先判断这个情境是否适合表达，适合怎样表达，再根据情境去选择表达冲动的方式。

压抑表达：善意体贴者。他们不喜欢表达自己的人格冲动，特别是关于他人的方面，更多的人格冲动被压抑了，由第二心理反应所替代。然而，他们会表达关于善意（而非热心）的部分，会善意地对待其他人的需求。

心智成熟度

完善：奉献者。相对而言，他们的冲动不具有强迫性，更多地表现为对关怀照料的追求发展为悲天悯人的普度情怀，进而促进周围的人都变得更好。这种状态下比较容易形成强烈的奉献精神，让自己变成使所有个体都更好的源头。

一般：热心者。他们的冲动开始具有一定的强迫性，更多地表现为对关怀照料的追求发展为期待所有人都能够热心地对待他人的需求。这种状态让他们比较热心助人，他们会以他人为优先，但是也会由于没有得到同等对待而产生强烈的情绪。

扭曲：索爱者。他们的冲动基本失控，处于强迫状态，更多地表现为对于关怀照料的非理性要求，任何一点的不符合渴望的关怀照料状态都是难以忍受的，开始产生病态倾向，对心理健康的损害比较严重。他们容易形成索爱倾向，强烈觉得自己的付出没有被同等对待，并通过各种方式希望所有人都能够看到和重视自己的需求并满足自己。

人格运作对生活的影响

个人与情绪困扰

心疼和愧疚。2号人格类型的人很容易心疼他人，因而希望帮助别人走出痛苦。如果他们对这种情况无能为力，就会感觉到愧疚。

委屈和失衡。2号人格类型的人总以别人优先，如果没有被同等对待就会感到委屈。如果他们没有获得安抚，就会感觉到失衡。

疲惫和怨气。2号人格类型的人可能会人为制造忙碌，因而常感疲惫。如果大家不能以心换心地重视他们，他们就会有强烈的怨气。

人际与家庭生活

无私和自利。2号人格类型的人的无私很容易和别人的自利产生冲突，自利对于他们意味着自私，他们的无私让别人感觉傻。

热心和界限。2号人格类型的人的热心很容易和别人的界限发生冲突，他们会热心侵入别人的空间，别人坚持界限会让他们伤心。

心软和磨炼。2号人格类型的人的心软很容易和别人的磨炼发生冲突，心软和照顾别人是好事，但是溺爱会阻碍成长所需的磨炼。

天赋与职业优势

人性化优势。人性化能够让人感觉到被重视，这对员工关系、客户体验等都非常重要，关怀正是2号人格类型的人的优势。

服务能力。服务是提升忠诚度的核心，越能够及时响应需求的服务，就越能产生舒适的感受，而这是他们的看家本领。

合作精神。合作才能够造就共赢，共赢才能够实现可持续的稳定发展，2号人格类型的人对人际的重视会促进更好的合作。

人格觉察和提升练习

随着人格运作阶段的不同，进行觉察和调整的难度也是不同的，因此我们按照从易到难、循序渐进的模式设计了一系列觉察和提升练习，有助于更加有效地提升人格。

行动阶段

觉察点（本阶段人格运作的核心线索）：忽视自己、他人优先

当2号人格类型的人开始忽视自己或者优先他人时，说明其人格模式运作已经达到行动阶段，马上就要做出忽略自己的需求（忽视自己）或者以他人的需求为第一位（他人优先）的行动了，需要在这时对行动内容进行调整，才能够避免造成损害。

提升方法：平衡性行动方案

2号人格类型的人的默认行动状态常常是缺乏自我关注的，所以他们很容易做出牺牲自己的行为，这种行为常常是造成委屈感和人际冲突的祸根。因此，他们需要学会练习行动前思考如何行动才能够更好地平衡自己和他人的需求，通过把对平衡性的考量加入自己的行动方案，帮助他们做出更具效果的行动。

练习

每天早上提醒自己：今天要觉察自己想要忽视自己、他人优先的时刻。在觉察到这些时刻之后，练习将行动方式转换为平衡性行动方案（即我该如何更好地平衡自己和他人的需求）。晚上总结这一天出现了多少次这样的冲动，有多少次有意识地成功调整了自己的行动方式。

体验阶段

觉察点（本阶段人格运作的核心线索）：心疼他人

当2号人格类型的人感觉到强烈地心疼他人时，说明其人格运作到了体验阶段，这种状态会让他们过度关注他人的痛苦，如果不加干预就很容易发展到行动阶段，这时就需要即时进行调整。

提升方法：提升自我关注程度，平等对待自己和他人

这个练习需要在发现自己感到非常心疼时练习调整注意力，以提升关注自己的程度。练习需要循序渐进，即从不那么心疼到更心疼。可以先选择在心疼不强烈的时刻抽离一部分注意力到自己身上，然后再练习在更加强烈的沉浸时候如何做到。

练习

每天早上提醒自己：今天要觉察自己感到心疼他人的时刻。在觉察到这些时刻之后，练习提升自我关注程度，更加关注自己。晚上总结这一天出现了多少次这样的时刻，有多少次有意识地让自己成功进入了平等对待他人和自己的状态。

触发阶段

觉察点：过度共情

2号人格类型的人的过度共情机制是触发阶段的核心原因，他们的大部分时间都处于对身边的人的感受进行共情的状态——他是否处

在痛苦之中，如果处在痛苦之中，那么我该做点什么。如果能够减少过度共情的发生，就能够最大限度地改变 2 号人格类型的人"只能看到别人"的思维模式，就能够感受到与更加完整的世界相接触，而不是只包括周围所有人却不包括自己的世界。

提升方法：通过对自己的生活投入更多热情，提升自己的重要程度

如果对他人投入更多的热情，就只能看到他人，而忽视了自己。只有学会对自己的生活投入更多热情，才能让自己的样子越来越清晰，才能过好自己的生活，获得幸福快乐。

练习

回忆自己之前有过的、对自己的生活保有热情的状态——当不关注周围的人，仅仅是看到你自己想要什么样的生活时，是一种什么样的体验？是什么让你能够实现这种状态？做什么能够帮助你回到那种状态？每天早上提醒自己：今天要觉察过度共情的时刻。当觉察到这些时刻之后，练习回到对自己的生活保有热情状态——不关注周围的人，仅仅是看到你自己想要什么样的生活状态。晚上总结这一天出现了多少次这样的时刻，有多少次通过有意识地调整，让自己成功回到对自己的生活保有热情的状态。

第8章

3号进取型：做出更加理想的表现

人格运作模式

关于理想表现和成就感

> 谁都希望自己可以表现得更加理想。

在和养育者的互动中，我们渐渐拥有了识别自己表现如何的能力，养育者的态度和情绪反应是我们判断的重要依据。当看到养育者表达欣赏，我们就知道自己表现得很理想；相反，我们就知道自己表现得不够理想。这种对理想表现的追求不需要任何外在的激励，因为养育者的认可会带来我们对自我的认可，而这种认可会带来强烈的成就感，同时伴随着多巴胺的大量分泌。就像是在一场比赛中赢得了胜利，或是完成了自己设定的目标，正是这种成就感持续激励着我们不断进取，它是让我们表现得更为理想的原动力。正如奥林匹克精神提倡的"更快、更高、更强"一样，这种追求就是源于对表现得更为理想的成就感的强烈追求。

如何才能够实现理想表现呢？要通过自己的努力不断进取——不论是不断练习，还是持续努力尝试各种办法以得到提高。这种努力进步的状态，或可称为"精益"，就是通过一系列的迭代以更加接近理想表现的过程。当你感觉自己某件事做得不够好并希望更好时，这种状态就是进取。请回忆,当你通过自己的努力达到了自己渴望的理想状态时,是怎样的心情呢?是不是感觉有非常强烈的成就感,感觉非常满足呢?

个体如果渴望成就感,就会产生想要通过个人努力达到更加理想表现的期待,当这种期待被打破时就会产生情绪,并产生一种想要通过更加努力进取回到理想表现的冲动,这就是 3 号进取型人格类型(以下简称"3 号人格")形成的心理机制基础。

3 号人格运作过程

> 我要把弄乱的都归位!

人格运作模型

3 号人格运作模型见图 8-1。

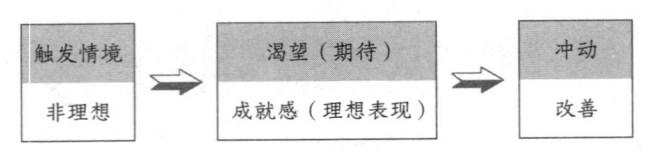

| 触发情境 | → | 渴望(期待) | → | 冲动 |
| 非理想 | | 成就感(理想表现) | | 改善 |

图 8-1　3 号人格运作模型

他们强烈地渴望成就感,这种成就感体现为每一次自我展现都能够表现得很理想,即被 3 号人格类型的人视为自己要努力获取的状态。当他们发现现实生活中存在非理想(即未达到理想表现、不够好)的状况时,他们会感觉非常不舒服,并希望改变这种情况,这样就可以让自己回到舒服的状态了。他们会产生改善那些非理想表现的强烈冲动,这种冲动会不断增强,促使他们做出一系列改善的行动。

关于识别非理想

从现实情况到心理情境的识别过程是非常个体化的,并没有哪种现实情况一定会被识别为某种心理情境的对应关系。因此，并不存在一定会被 3 号人格类型的人识别为非理想的情况，只有概率大小之分，而且还要看实际的情境。比如，对于自己很重视的领域，即使做到了在多数人看来都觉得很好的表现，也可能被他们自己认定为非理想；而对于自己不重视的领域，即使表现在大多数人看来都不够好，也可能不会被他们自己认定为非理想。

因此，对于理想表现的认定，我们不能用自己的看法来主观认定，而是要根据每个个体心理信念系统对于理想表现的规则来认定。

关于情境和冲动

表 8-1 是关于情境和冲动的不完全列举，都较为典型。不过，即使存在下述情况，也不能据此判断一个人一定是 3 号人格。

表 8-1　　　　　　　　　3 号人格的情境和冲动

冲动论（人格过程）		特质论（人格样貌）	
被识别为非理想的触发情境	可能产生的改善冲动	形象/特质论人格特征的来源	外号或评价
• 成绩不够好 • 别人看不起的某项能力 • 没有达到榜样的样子 • 做事效率不够高	• 努力提高成绩 • 提升磨炼能力 • 努力接近榜样 • 提高效率和速度	• 实干、上进 • 抓效率、抓结果 • 好面子、重形式 • 渴望第一、争强好胜	• 猎豹/赛车 • 闲不住 • 变色龙 • 面子控

专栏：体现 3 号人格运作的事例

案例 1：三年内，我要做到全公司业绩前十名

事件

A 入职新公司后，听同事说之前有一位牛人在入职五年内，

业绩进了公司前十名。A 希望自己比这位牛人做得更好，就给自己设定目标：三年内做到公司业绩前十名。为了实现这个目标，A 每段时间都会拿自己当下的业绩成果与目标业绩对比，看看差距在哪里，然后努力提升自己的能力，缩小差距以接近目标。虽然离目标的理想表现越来越接近了，但是 A 在这个过程中牺牲了大量的个人时间，放弃了休息、娱乐、谈恋爱等很多事项。有志者事竟成，A 最终实现了自己三年内公司业绩前十名的目标，A 感到无比激动，但并未满足。接着定下更高的提升目标，开始攀登下一个高峰。

心理过程解析

A 渴望在入职新公司后能够表现得足够理想，并找到了一个理想表现的参照对象——一位入职五年、做到公司业绩前十名的牛人。A 想要更加优异就需要超越过去的理想表现，因此树立了自己的理想表现的实践标准——入职三年做到公司业绩前十名，并时刻将自己的当下表现与理想表现进行对照，不断努力让两者越来越接近。在 A 通过自己的努力实现了目标后，获得了巨大的成就感，但是 A 并未满足，于是接下来有了更多的期待和目标。

总结

本事件中，A 对于成就感的渴望具体表达为：（1）超越之前的那位牛人，三年内做到公司业绩前十名；（2）时刻对比当下表现和理想表现，以努力接近理想表现。

案例 2：为了做助教，带了三套衣服

事件

B 要去给自己老师的培训课程做助教，但老师在告知 B 这

件事时很突然，而且关于这是一门什么样的课程、会有哪些人参加，老师都没有说太多。第二天，B早早地到了课程场地。见到老师后，B问："我带了三套衣服，一套正式的，一套半正式的，一套休闲的，老师您看，今天的课程我穿哪套比较适合？"老师说："今天有很多企业的高管来，可以穿正式的那套。"B换上了那套正式的服装后，还不忘去照照镜子，细细整理了一下衣服，并端详了一会儿，在对镜中的自己感到满意后，才回到了课程场地，并向老师确认自己这样是否可以。老师对B赞不绝口，B感到很开心。

心理过程解析

B希望可以做出对应情景中的理想表现，在本事件中体现为适合场合的穿着。因为没有获得充分的关于这个场合应该穿什么的信息，所以他只能够提前多准备几套衣服，到现场再确认最为合适的穿着。面对镜子细细整理和端详都是确认自己是否实现了理想表现的过程，最终又向老师确认一下自己的穿着是否达到了老师的标准，老师的赞许说明自己做出了适合情景的理想表现，因此获得了成就感。

总结

本事件中，B对于成就感的渴望具体表达为：（1）希望能够穿适合场景的衣服，并让老师满意；（2）通过准备三套适合不同场景的衣服来让自己可以针对不同的场合都能够表现得很理想；（3）细细整理和端详以优化当下表现，接近理想表现；（4）向老师确认最终效果是否满意，来确认自己是否达到了理想表现。

区分人格、一般心理和习得冲动模式

> 我只在工作中注重表现,其他时候都更喜欢随意放松。

区分人格心理过程与一般心理过程

即使一个人因没有实现理想表现而产生情绪,也不能判断他就是 3 号人格。因为所有人都有过因没有实现理想表现而产生情绪的经历,所以不能说每个人都是 3 号人格。心理机制必须属于人格支配的心理过程才是人格心理过程,为了区分 3 号人格的心理过程和一般心理过程对改善的追求,我们列出 3 号人格心理过程的三个特点,如下所示。

- **非必要性(在不必要的小事上也存在)**。不仅在有必要维持理想表现的事情上或重要的事情上这样要求自己,而且在许多没有必要的小事上也这样要求自己。比如,就算独自在家也要优雅、玩游戏一定要争第一、琐碎时间也不能浪费而要进行自我提升活动等。
- **普遍性(泛化到生活的方方面面)**。如果仅在单一的情境中拥有维持理想表现的心理过程(如在工作中追求理想表现,一定要比大家做得都好,但是回到家就很不在乎,并不要求理想表现),那么这就不是人格过程,因为不具有普遍性。
- **失控性(强迫地出现情境失调)**。在现实生活的场景中并不要求理想表现,这时理想表现也并不是最重要的,但是 3 号人格类型的人却因为自己渴望理想表现而忽视了现实的实际需求,导致出现情境失调现象,即在更适合非理想表现的环境中依然要求理想表现。比如,在本需要休息的时候还继续做事情,让身体无法得到充分的恢复。

因此,3 号人格类型的人的心理过程实际指的是在生活的方方面面（从小到大、各个领域）都存在的、特别是在许多非必要的小事上强迫性地维持理想表现的渴望和改善的冲动。即便这种冲动和现实情境需求不一致，也会因情绪过于强烈而常常表现出情绪失控行为——过分教条地坚持理想表现和改善。

一些很像 3 号人格的习得冲动模式会比日常心理过程更容易被错误地认为是人格心理过程。当然，借助上述三个特点区分，也能找到人格心理过程。以下列出的习得冲动模式和可能的来源，能让你更容易去思考和分辨：

- 奋斗精神的传承——很多是源于童年的家庭环境；
- 渴望被赞许——很多是源于童年经历的补偿性心理需求；
- 业余时间自我提升——很多是源于个人反思或者职业要求；
- 喜欢高效率和规划——很多是源于职业训练；
- 很会展示自己——很多是源于社会要求和自我训练。

人格运作的信号

如果你能够充分理解本章"人格运作模式"小节的全部内容，并经过自我觉察后觉得自己很大可能性是 3 号人格，那么下面这些内容可以帮助你在日常生活中更好地觉察人格心理过程运作的瞬间。

内在 - 觉察信号

觉察信号就是人格心理运作过程的体验痕迹，自己出现了什么样的感觉常常意味着人格被触发或者正在运作呢？

- 隐约感觉到这样还不够好；
- 全神贯注于衡量表现；
- 闲不住的时候；
- 脑海中浮现某个目标 / 想做的事；

- 想要做点改善；
- 想要督促别人做到更好；
- 觉得别人不努力。

外在 - 观察线索

观察线索就是人格心理运作过程的表达痕迹，对方表现出什么样的线索常常意味着人格被触发或者正在运作呢？

- 表情变得目光炯炯；
- 语气变得坚定；
- 身体变得用力；
- 语言表达为"努力做到什么样"；
- 要求快速行动；
- 被形象框住的行为范围。

多种表达

本能类型

自我保存本能（实际生活）：品质生活者

他们的人格心理过程更多地体现在实际生活的理想表现中，比如自己的生活质量是否足够理想、吃穿用度是否足够好、房子是否比较不错、工作带来的收入是否充足等方面的理想状态，因此他们在这些方面表现出高度的努力。最常见的就是努力赚钱、对实际生活中的理想状态过分追求，需要非常多的物质条件来保障自己的实际生活达到自己想要的状态，这种状态让他们有安全感。他们也相对比较注重生活品质，为了达到实际生活的理想状态，他们会将自己的物质资源更多地用于自己生活品质的建设。他们希望自己的生活空间内的高品质不被打破，这是他们安全感的基础。

性本能（亲密生活）：携手进步者

他们的人格心理过程更多地体现在亲密关系相处的理想表现中，比如亲密对象眼中的自己是否足够优秀、彼此的关系状态是否足够理想、双方在这个关系中是否足够努力等这些方面的理想状态。最常见的是共同进步，他们希望和亲密关系对象能够共同进步，让彼此都越来越好，一起成长的过程会让他们感觉到深入的联结感。他们很愿意在亲密关系对象面前保持有吸引力的形象，他们非常需要让亲密关系对象认可自己，相互认可的关系才是足够理想的关系。他们希望自己和亲密关系对象的互相认可不被打破，这是他们联结感的基础。

群向本能（社群生活）：地位追求者

他们的人格心理过程更多地体现在社群生活的理想表现中，比如所在社群是否认可自己、自己在社群中的地位和名望、社群是否能够为自己增加身份价值等这些方面的理想状态。最常见的是创造展现和锻炼的舞台，他们希望社群中的每个人都能够展现自己，在社群中得到充分的成长，这会让他们感觉到稳定的归属感。他们在社群生活中会表现得关注地位和名望，也会努力去创造自己在社群中的地位，通过自己的努力让大家认可自己。他们希望自己在社群中的地位不被打破，这是他们归属感的基础。

表达倾向

直接表达：要强争优者。他们更加倾向于直接表达自己的人格冲动，在生活中的大事小情中都会去表达自己对成就的渴望和改善冲动，因此会被他人认为他们在每件事中都要拔得头筹、出类拔萃。

选择表达：适时表现者。他们会因为不清楚当下的情境是否应该表达自己的人格冲动而比较纠结，进而放弃表达许多小的改善冲动，保留表达重要的改善冲动。他们会首先判断这个情境是否适合表达、适合什么样的表达,再根据情境去选择表达冲动的方式。

压抑表达:努力奋斗者。他们不喜欢表达自己的人格冲动,特别是关于他人的人格冲动被压抑,由第二心理反应所替代。然而,他们会表达关于自我要求的部分,会在与自己有关的大事小情上努力追求实现理想表现,努力提升自己以实现目标。

心智成熟度

完善:卓越者。他们的冲动比较不具有强迫性,更多地表现为希望不断地超越自己过去的理想表现,让自己在自我超越中变得更加强大,更有能力面对生活的实际状况。只有不断想要超越自己的人才是真正卓越的人,他们永不停止、勇攀高峰。

一般:竞赛者。他们的冲动一开始具有一定的强迫性,更多地表现为拿周围的人作为参考对象,一定要超越参考对象,做到最优秀或者取得第一,因此具有很强烈的竞争性。这种状态比较像竞赛者,跟所有参考对象进行竞赛以取得更好的成绩。

扭曲:夸大者。他们的冲动基本已经完全失控,处于强迫状态,对于理想表现的非理性要求,任何一点非理想状态都是难以忍受的,这个状态下开始产生病态倾向,对心理健康的损害比较严重。这种状态下比较容易形成夸大思维,对待所有没有达到理想表现的部分,都进行夸大性表达以展现出好像自己取得了理想表现一样。

人格运作对生活的影响

个人与情绪困扰

紧迫和急躁。3号人格类型的人想要尽快达到理想状态,因而常常会感觉到紧迫感，这会使他们很容易产生急躁的情绪。

羞愧和懊恼。3号人格类型的人常会因为没有达到理想状态而感到羞愧，然后会更加努力地去达到理想状态，一旦再达不到就会懊恼。

压抑和漠视。为了能够接近理想表现，3号人格类型的人会压抑自己的需求和情绪等，这种压抑会因习惯而发展为对自己的漠视。

人际与家庭生活

努力和懒散。3号人格类型的人的努力很容易和别人的松散发生冲突，他们会觉得别人过于懒散，别人又会觉得他们不会享受生活。

效率和拖沓。3号人格类型的人的高效很容易和别人的一般节奏发生冲突，他们会觉得别人很拖沓，别人又会觉得他们太过于着急。

得体和过分。3号人格类型的人的得体很容易和别人的随意发生冲突，他们会觉得别人的行为不恰当，别人又会觉得他们过于端着。

天赋与职业优势

高效。效率决定了接近目标的速度，作为时间就是成本的企业来说，3号人格类型的人的高效可以帮助企业更快速地完成计划。

推动力。每个组织都需要有人来驱动，推动企业整体高速地前进，3号人格类型的人的推动力对这一点来说非常有帮助。

灵活。手段的灵活是完成目标的保障，遇到困难时不断地尝试新的方法是非常重要的，而这是3号人格类型的人的本领之一。

人格觉察和提升练习

随着人格运作阶段的不同，进行觉察和调整的难度也有所不同，因此我们按照从易到难、循序渐进的模式设计了一系列的觉察和提升练习，有助于更加有效地提升人格。

行动阶段

觉察点（本阶段人格运作的核心线索）：闲不住、推动他人

当3号人格类型的人开始闲不住或是推动别人时，说明其人格运作到了行动阶段，马上就要做出我消耗（闲不住）或者消耗他人（推动）的行动了。此时需要对行动的内容进行调整，才能够避免造成损害。

提升方法：做好劳逸结合的行动规划

3号人格类型的人的默认行动状态常常是劳而不逸，所以这样很容易"榨干自己和他人"，长期处于疲惫的急行军状态而无法休养生息。因此，3号人格类型的人需要在感受到自己闲不住或是产生推动他人的冲动后，首先制定一个劳逸结合的行动方案，这样在真正行动时才能够既高效又轻松。

练习

每天早上提醒自己：今天要觉察自己闲不住和推动他人的时刻。在觉察到这些时刻之后，练习从规划行动方案转向劳逸结合的行动规划，即安排多少行动、多少休息、多少娱乐才能使目标的实现既高效又轻松。晚上总结这一天出现了多少次这样的冲动，有多少次有意识地成功规划了自己的行动方案。

体验阶段

觉察点（本阶段人格运作的核心线索）：急迫

当3号人格类型的人感觉到自己有隐约的急迫感时，说明其人格运作到了体验阶段，这会让其身体无法充分放松和休息，如果不加干预就很容易发展到行动阶段，这时就需要即时进行调整。

提升方法：练习动静松弛

这个练习可以分为静中松弛和动中松弛两个部分。可以先练习静中松弛，就是利用专门的时间来练习进入松弛状态，任何姿态都可以，注意在这个时候是去享受放松的感觉。动中松弛就是在行动过程中，时刻注意让自己保持松弛状态。

练习

每天早上提醒自己：要觉察急迫的时刻。在觉察到这些时刻之后，先来练习静中松弛，在熟悉了进入松弛状态后，练习动中松弛。晚上总结这一天出现了多少次这样的时刻，有多少次有意识地让自己成功进入了松弛状态。

触发阶段

觉察点：比较

3号人格类型的人不停的比较机制是触发阶段的核心原因，他们的大部分时间都在比较自己的表现是否符合理想状态。如果能够减少比较的发生，就能够最大限度地改变他们"还不够好、不停前进"的思维模式，就能感受到更大的情绪弹性和可控性。

提升方法：从心流状态中学会放下比较

要想进行比较就需要保持一定的意识分离，保留进行比较的意识领域。而当我们全神贯注的时候，意识没有任何的分离，也就没有进行比较意识存在的空间。3号人格类型的人可以通过让自己高度投入、全神贯注的活动，增加自己心流状态的频率和时间，从而减少进行比较的频率和时间。

练习

回忆自己之前的心流状态——全神贯注的投入状态是什么样的？是什么让你能够全神贯注？做什么能够帮助你回到那种状态？每天早

上提醒自己：今天要觉察比较的时刻。在觉察到这些时刻之后，练习回到心流状态。晚上总结这一天出现了多少次这样的时刻，有多少次通过有意识地调整，让自己成功回到心流状态。

第9章

4号求真型：活出真实的自己

人格运作模式

关于追求真实和意义感

谁都希望自己可以活得更加率真。

活得真实就是活成自己渴望的样子，在自己渴望的道路上开展自己的生活；而不是渴望着一种生活，实际却过着另外一种生活。许多人因为受现实条件所限，只能过着自己不想过的生活，并因此慢慢感觉到失去了生活的意义，不禁要问自己："我为什么要像现在这样活呢？"

很多人并没有大富大贵，但是只要过着自己想要的生活就感觉生活充满意义，能够感觉到内心深处的喜悦，这就是追求真实给人们的生活带来的意义感。

为什么活成自己渴望的样子能够带来意义感？为什么常常有人抱怨没办法活成自己想要的样子呢？其实，想要活成自己渴望的样子并不是一件容易的事情，因为存在现实阻力、社会阻力、人际阻力等因素，而这些因素常常构成了活成自己的障碍，甚至会成为难以克服的巨大障碍。活成自己常常要面对亲人劝阻、社会评价、现实利益等各个方面的冲击，我们在这些冲击下很容易妥协，结果就压抑了自己的渴望，按照现实考虑来活，这已经成为许多人活着的常态。然而，也有另外一种选择——不论面对什么阻力，依旧保持自己真实的样子，活出自己的意义。这时，可能会面对不理解、非议等各种评价，却能获得满足和喜悦。

如果你能过上自己渴望的生活，你是什么感受？如果你压抑自己的渴望，过的不是自己渴望的生活，你又是什么感受？我想你应该能够感受到这两者的巨大差异。这种差异与生活轨迹是否符合自己的真实渴望，以及自己活得是否有意义感的个体感受有强烈关联。

因此，个体如果渴望意义感，就会产生想要通过个人努力活出真实自己的期待，当这种期待被打破时就会产生情绪，并产生一种想要通过更加努力来保持自己活出真实的冲动，这就是4号求真型人格类型（以下简称为"4号人格"）形成的心理机制基础。

4号人格运作过程

> 我要保持自己的真实面！

人格运作模型

4号人格运作模型见图9-1。

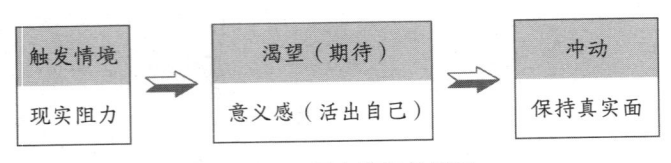

触发情境	渴望（期待）	冲动
现实阻力	意义感（活出自己）	保持真实面

图9-1　4号人格运作模型

4号人格类型的人强烈渴望意义感，这种意义感体现为自己的生活轨迹符合自己的真实渴望，这种活出自己的状态被他们视为自己要努力获取的状态。如果他们发现现实生活中存在现实阻力——因为一些现实因素难以活出真实的自己，他们就会感觉非常不舒服，并希望改变这种情况，来让自己回到舒服的状态。他们会产生在面对那些现实阻力依然想要保持真实面的强烈冲动，这种冲动的强度不断增强，就会促使他们做出一系列维持真实面的行动。

关于识别现实阻力

从现实情况到心理情境的识别过程是非常个体化的，并没有哪种现实情况一定会被识别为某种心理情境的对应关系。因此，并不存在一定会被4号人格类型的人识别为现实阻力的情况，只有概率大小之分，而且还要看实际的情境。比如，对于大多数人觉得可能不是阻力的情境——组织制度、愿景吻合度、做某事的意义，也可能被认定为现实阻力；而对于大多数人觉得可能是阻力的情境——赚钱少、工作累、性价比不高、舆论反对，也可能不会被认定为现实阻力。

因此，对于现实阻力的认定，我们不能用自己的看法来主观认定，而是要根据每个个体心理信念系统对于现实阻力的规则来认定。

关于情境和冲动

表9–1是关于情境和冲动的不完全列举，都较为典型。不过，即使存在下述情况，也不能判断一个人一定是4号人格。

表 9–1　　　　　　　　**4号人格的情境和冲动**

冲动论（人格过程）		特质论（人格样貌）	
被识别为现实阻力的触发情境	可能产生的保持真实面的冲动	形象/特质论人格特征的来源	外号或评价
• 社会规则的要求 • 对自己重要的人士的劝阻 • 大众的眼光排斥 • 形式主义	• 跳离规则 • 跟随自己的内心 • 坚持自己的样子 • 用直接的方式	• 个性、个人主义 • 情绪化、敏感 • 不实际、幻想/理想化 • 不合群、难以融入	• 特立独行 • 自我 • 过山车（情绪） • 艺术家

专栏：体现 4 号人格运作的事例

案例 1：开花店不太赚钱，但有意义

事件

A 非常喜欢花，认为用花去美化世界是一件很有意义的事。A 特别想把这个爱好变成自己的工作，开一家花店。原单位领导很器重 A，想要培养她做自己的接班人，并为 A 加薪。当 A 想要辞职开花店时，周围亲友纷纷表示反对，可是 A 觉得那才是自己想要的工作方式，这样的人生才更有意义。所以，即便亲友反对，A 也执意辞职并开了这家花店。

心理过程解析

A 希望可以活出真实的自己，在本事件中体现为选择做更符合自己内心的工作，而不是更赚钱的工作。虽然 A 很受原单位领导的器重，很有发展前途，待遇也非常优厚，但是 A 的内心认为，活成自己想要的样子远远比赚更多钱重要。即使是亲友反对也无法阻止 A 活出自己真实的样子，选择自己渴望的生活方式。

总结

本事件中，A 对于活出自己的渴望具体表达为：（1）选择更加有意义的花店，而不是更加现实的原工作；（2）面对亲人劝阻，依旧坚持自己的选择。

案例 2：我需要感觉到"彻底符合本心"

事件

B 周围的人都觉得他不太一样，大多数人告诉 B "凡事差不多就得了"，可是 B 却不行。B 对于自己不在乎的事完全不管；但是对于在乎的事，就要"彻底符合本心"才行。因此，周围的

人都觉得他有点过于较真。而且 B 还难以说出"如何才能符合我心""怎样才是符合我心的标准"。只有当这件事呈现出来之后，B 才能够通过自己的感觉判断"是否符合本心"。有朋友和 B 聊过这个状况，B 也说自己好像没有什么确切的标准，但是能够感觉到这种状态是否符合自己的口味，只有符合自己口味的东西才是自己想做的。这种状态让 B 做出来的东西确实比较独特，也很与众不同，但是也让别人觉得 B 不好合作。其实不仅仅是在工作中，他在日常生活中也是如此，所以有很多人都觉得 B 很有个性、坚持自我，不追随主流、跟随流行。

心理过程解析

B 希望可以活出真实的自己，在本事件中体现为让一切都符合本心。B 确认是否符合本心的方式需要看状态是否符合自己的口味，但这种口味又很难被明确表达出来。所以，这让合作者难以把握 B 的口味。当然，这也让 B 的成果是比较出众的，且不受别人影响而趋向大众化。别人明显感觉 B 的个性很独特，坚持自我而不追随大众成了 B 在周围人群中的标签。

总结

本事件中，B 对于活出真实自己的渴望具体表达为：（1）希望能够让一切都符合本心，让一切呈现出的状态都符合自己的口味；（2）这种口味是一种感觉，而不是一系列的判断标准，因此难以描述；（3）坚持自己的口味，让 B 既与众不同，又难以合作；（4）周围的人都因为 B 坚持自己的口味而觉得他坚持自我，不合群。

区分人格、一般心理过程和习得冲动模式

> 我只是面对最重要的事时追求活出自己，在大多数事情上，我都不是这样的。

区分人格心理过程与一般心理过程

即使一个人因没有活出自己而产生情绪，也不能判断他就是4号人格。因为所有人都有过因没有实现活出自己而产生情绪的经历，所以不能说每个人都是4号人格。心理机制必须属于人格支配的心理过程才是人格心理过程，为了区分4号人格的心理过程和一般心理过程对保持真实面的追求，我们列出4号人格的心理过程的三个特点，如下所示。

- **非必要性（在不必要的小事上也存在）**。不仅在有必要维持"活出自己"的事情上或重要的事情上这样要求自己，而且在许多没有必要的小事上也这样要求自己。比如，闲聊中仍然追求真实表达，不惜成本地买对生活不重要但是令自己心动的东西，在一些没什么影响的细节上坚持个人品位。
- **普遍性（泛化到生活的方方面面）**。如果仅在单一的情境中拥有维持"活出自己"的心理过程（如在与自己最核心人生诉求有关的事上追求活出自己，但除此以外并不要求），那么这就不是人格过程，因为不具有普遍性。
- **失控性（强迫地出现情境失调）**。现实生活的场景中，"活出自己"并不是最重要的，但是4号人格类型的人却因为渴望活出自己而忽视了现实的实际需求，导致了情境失调现象的出现——在不适合活出自己的环境中依然要求活出自己，比如知道自己在聚会中应该合群一些，但是因为一些自己不接受的观点，很难做出妥协。

因此，4号人格类型的人的心理过程实际上指的是在生活的方方面面（从小到大、各个领域）都存在的，特别是在许多非必要的小事上强迫性地维持活出自己的渴望和保持真实面的冲动。即便这种冲动和现实情境需求不一致，也会因情绪过于强烈而常常表现出情绪失控行为——过分教条地坚持活出自己和保持真实面。

一些很像4号人格的习得冲动模式会比日常心理过程更容易被错误地认为是人格心理过程。当然，借助上面的三个特点进行区分，也能找到人格心理过程。以下列出的习得冲动模式和可能的来源，能让你更容易去思考和分辨：

- 习惯讲真话——很多是源于童年期的家庭教育；
- 追求梦想中的生活——很多是源于个人使命的发现；
- 打扮有个人品味——很多是源于个人形象管理方面的学习；
- 不合群——很多是源于童年期创伤；
- 艺术化、个性——很多是源于与艺术有关的圈子文化。

人格运作的信号

如果你能够充分理解本章"人格运作模式"小节的全部内容，并经过自我觉察后觉得自己很有可能是4号人格，那么下面这些内容可以帮助你在日常生活中更好地觉察人格心理过程运作的瞬间。

内在-觉察信号

觉察信号就是人格心理运作过程的体验痕迹，自己出现了什么样的感觉常常意味着人格被触发或者正在运作呢？

- 隐约感觉到这不是我；
- 全神贯注于向往的生活轨迹；
- 沉浸内心情感时；

- 忘记了周边事物的存在；
- 在细节上完全不想妥协；
- 因对目前生活轨迹不满意而沮丧；
- 感觉别人随波逐流。

外在－观察线索

观察线索就是人格心理运作过程的表达痕迹，对方表现出什么样的线索就常常意味着人格被触发或者正在运作呢？

- 表情变得沉浸情感；
- 语气变得波动；
- 身体变得封闭；
- 语言表达为"我感觉到……的感受"；
- 依感受为标准判断事物；
- 因专注忽略周边。

多种表达

本能类型

自我保存本能（实际生活）：个性生活者

他们的人格心理过程更多地体现为在实际生活中活出自己，比如在穿着、居住房屋装饰和摆放的物件、食物的味道等这些方面表现出高度的个性风格。最常见的是独特的生活习惯，在实际生活中过分追求活出自己，形成按照自我喜好来生活的状态，这让他们感觉到安全感。他们也相对地拥有更多个人化品味，不太在意主流大众的看法和态度，更在意自己对事物品味的感受并依此进行判断。他们希望自己独特的生活习惯不被打破，这是他们安全感的基础。

性本能（亲密生活）：追梦搭档

他们的人格心理过程更多地体现为在亲密生活中活出自己，比如是否能够和亲密对象共同走向渴望的生活、与亲密对象的价值观是否契合、彼此对未来的愿景是否一致等。最常见的是共造愿景，他们希望和亲密关系对象拥有共同的愿景，一起走向愿景的过程会让他们有深入的联结感。他们很愿意和亲密关系对象保持高度的一致和契合，他们非常需要和亲密对象在深层次上进行深刻的交流，以促进彼此高度的统一。他们希望自己和亲密关系对象一起走向共同的愿景，这是他们联结感的基础。

群向本能（社群生活）：艺术家

他们的人格心理过程更多地体现为在社群生活中活出自己，比如所在社群是否允许个体性的体现、自己在社群中是否有独特的存在意义、社群的集体梦想是否被确定等。最常见的是唤醒群体的个性活力，他们希望社群中的每个人都能够活出自己，都可以沿着自己渴望的生活轨迹前进，这会让他们感觉到稳定的归属感。在社群生活中，他们会关注表达真实情感，只有社群中的每个人都表达真实情感，才能够了解彼此渴望的生活状态，最终让大家都活出自己。他们希望社群的活力与真实不被打破，这是他们归属感的基础。

表达倾向

直接表达：**特立独行者**。他们更加倾向于直接表达自己的人格冲动，在生活中的大事小情中都会去表达自己对活出自己的渴望和保持真实面的冲动。因此，他们被他人认为在每件事上都要表达自己的真实感受，即便无人赞同。

选择表达：**同路真实者**。他们可能因为不清楚当下的情境是否应该表达自己的人格冲动而比较纠结，进而放弃表达小的保持真实面冲动，保留表达重要的保持真实面的冲动。他们会首先判断这个情境是否适合表达、适合什么样的表达，再来根据情境去选择表达冲动的方式。

压抑表达：随心生活者。他们不喜欢表达自己的人格冲动，特别是关于他人的人格冲动被压抑，由第二心理反应所替代。然而，他们会表达关于自我要求的部分，会在与自己有关的大事小情上努力追求实现保持真实的自己，努力提升自己以坚持按照自己喜欢的生活轨迹去生活。

心智成熟度

完善：创新者。他们的冲动不具有强迫性，更多地表现为将对活出自己的追求发展为超越大众思维方式的独创性思考，从而基于这种独创性思考拥有更加深刻的创造力。这种状态下比较容易形成超越当前的新思想或是创造新事物。

一般：性情者。他们的冲动开始具有一定的强迫性，更多地表现为将对活出自己的追求发展为以自己当下的内在状态为依据进行判断。这种状态让他们比较真性情，更多地出于性情而不是现实考虑，比较容易产生情绪波动。

扭曲：抑郁者。他们的冲动基本已经失控，处于强迫状态，更多地表现为对于生活轨迹的非理性要求，任何一点不符合渴望的生活轨迹状态都是难以忍受的，并开始产生病态倾向，对心理健康的损害也比较严重。这种状态下比较容易形成抑郁情绪，对所有没有达到渴望生活轨迹的部分，会时刻感到沮丧和抑郁，他们会因受到抑郁的影响而对生活缺乏动力。

人格运作对生活的影响

个人与情绪困扰

失落和沮丧。当4号人格类型的人感到没有活出自己时，会感觉到特别失落，当过于偏离生活轨迹时，他们会备感沮丧。

孤独和忧伤。由于4号人格类型的人坚持活出自己而导致和大众拉开距离，因而他们常感孤独，难以找到彼此理解的同道，由此感到忧伤。

敏感和波动。时刻关注"是否符合本心"导致4号人格类型的人很敏感，当生活中的细节不断变动时，他们的情绪也会跟着不断产生波动。

人际与家庭生活

个性和平庸。4号人格类型的人的个性很容易和别人的合群冲突，他们觉得合群是一种平庸的表现，别人又会觉得他们不好相处。

真实和虚伪。4号人格类型的人的真实坦露很容易和别人的保留发生冲突，他们觉得别人过于虚伪，别人又会觉得他们不懂人情世故。

意义和现实。4号人格类型的人的意义很容易和别人的现实发生冲突，他们觉得别人过于庸俗，别人又会觉得他们不考虑现实。

天赋与职业优势

创新能力。创新是提升核心能力的主要途径，创新需要另辟蹊径，坚持"活出自己"让4号人格类型的人更能够另辟蹊径。

品牌力。品牌力是一种让人印象深刻的能力，这需要具有一定的辨识度和记忆点，4号人格类型的人能够利用独特性深入人心。

敏锐直觉。敏锐直觉是捕捉细微差别的先决条件，有了这个才能够在细节上更加优化，而这是 4 号人格类型的人的看家本领。

人格觉察和提升练习

随着人格运作阶段的不同，进行觉察和调整的难度也有所不同，因此我们按照从易到难、循序渐进的模式设计了一系列的觉察和提升练习，有助于更加有效地提升人格。

行动阶段

觉察点（本阶段人格运作的核心线索）：凭感觉做事、忽略他人

当 4 号人格类型的人开始感受行事忽略他人时，说明其人格运作到了行动阶段，马上就要做出以自己的感受来判断事物（凭感觉做事）或者减少对他人的关注（忽略他人）的行动了。此时需要对行动的内容进行调整，以避免造成损害。

提升方法：将现实纳入行动前的考虑

4 号人格类型的人的默认行动状态常常以自己的感觉为核心依据，所以很容易在行动前考虑不够充分，做事随心所欲、效果不稳定。因此，4 号人格类型的人需要在感到以感受行事或者忽略他人的冲动后考虑现实因素，制定一个兼顾自我感受和现实情况的行动方案，在真正行动时才能够既满足自己渴望的生活轨迹又保证整体效果更好。

练习

每天早上提醒自己：今天要觉察自己以感受行事和忽略他人的时刻。在觉察到这些时刻之后，练习回到现实方面进行考量：我按照这个感觉行动会有什么影响？我这样做会让对方有什么感受？晚上总结这一天出现了多少次这样的冲动，有多少次有意识地成功调整了自己的行动方式。

体验阶段

觉察点（本阶段人格运作的核心线索）：沉浸

当4号人格类型的人感觉自己沉浸在内在感觉中时，说明其人格运作到了体验阶段，这会让他们注意力窄化，如果不加干预就很容易发展到行动阶段，这时就需要即时进行调整。

提升方法：掌握平衡性关注，以扩展注意力范围

这个练习需要在发现自己沉浸于某种内心状态的时候，练习将注意力调整到更加广泛的生活范围中。这个练习需要循序渐进，从不强烈到更加强烈：先选择在不强烈的沉浸时刻抽离一部分注意力到周边事物上，然后再练习在更加强烈的沉浸时刻做到这一点。

练习

每天早上提醒自己：今天要觉察沉浸的时刻。在觉察到这些时刻之后，练习平衡性关注，让自己的注意力扩展到更多事物上。晚上总结一天出现了多少次这样的时刻，有多少次有意识地让自己成功进入平衡性关注状态。

触发阶段

觉察点：幻想

4号人格类型的人的幻想机制是触发阶段的核心原因，他们生命的大部分时间都在衡量自身的经验——这是不是自己渴望的，并同时幻想出符合自己渴望的图景。如果能减少幻想，就能最大限度地转变他们让一切都需要符合本心的思维模式，就能感受到与更加真实的经验相接触，而不是自己幻想出来的经验。

提升方法：通过对经验保持无为，以回归本来样子

幻想是对自身经验进行改造，这时只能看到自己渴望看到的一切，而不是世界的真实样子。只有学会对自己的经验保持无为，才

能回到生活本来的样子,从而更好地与实际世界互动,产生更好的效果。

练习

回忆自己之前有过的非幻想状态——当不凭着主观好恶去看待事物,仅仅看到事物本身是一种什么样的体验?是(做)什么让你能够实现这个状态?每天早上提醒自己:今天要觉察幻想的时刻。在觉察到这些时刻之后,练习回到非幻想状态——对经验保持无为、回归事物本身的状态。晚上总结这一天出现了多少次这样的时刻,有多少次通过有意识地调整,让自己成功回到非幻想状态。

第10章

5号洞察型：看透自己感兴趣现象的原理

人格运作模式

关于深刻理解和透彻感

谁都希望自己可以更多地理解这个世界。

人们通过对自己经历的生活现象的深入了解来掌握这个现象背后的规律。就像我们的祖先经过大量的观察，最终得出耕种所需要的历法，并跟随这套历法耕种以达到最好的效果一样。只有深刻理解事物运行的规律，我们才能更好地生存。

如何了解这个世界运行的规律呢？最基本的方法是观察。通过观察各种现象并归纳总结规律，这种洞察事物运行本质的能力使人类有更强大的能力去影响世界。这种从对世界表象进行观察最终获得事物内在规律的洞察过程，将使我们获得一种透彻感。

要想获得这种能力，就需要观察和留意生活中的种种现象，并思考这些现象背后的联系，将思考的结果总结成一种模型，人类的众多理论就是这样形成的，并用这些理论模型来指导自己的日常生活。

要想清晰表达一个理论，就需要使用非日常用语的概念性语言，通过逻辑来对这些概念性语言的关系进行系统性的建构。这些话语可以给理论性沟通带来便利性，却与日常沟通语言之间形成了鸿沟，让许多人不能理解这些话语的含义。

人生如此短暂，因此虽然我们有探索世界的愿望，却只能根据自己的兴趣或者需要去行动。看透自己感兴趣现象的原理，获得透彻感，是一项巨大的工程。在这个过程中，存在着一些干扰因素——欲望、情感、交流等，虽然我们不能全部消除这些干扰，却可以尽量降低这些干扰对获得透彻感的影响。过尽量简单的生活、减少情感波动、少做无帮助的交流等，这些都是很实用的手段和办法。

试着去回答这些问题：当你对生活中出现的一个现象非常有兴趣并好奇其原理的时候，那是一种什么样的体验？在你还没有搞清楚其原理的时候，会有什么样的感觉？在搞清楚原理的过程中，你做了些什么？搞清楚原理之后，你又产生了什么感觉？对于感兴趣生活现象的好奇，以及在搞清楚这些现象背后原理之后获得透彻感，会让你渐渐对这个过程开始有所理解。

因此，个体如果渴望透彻感，就会产生想要通过个人努力去看透感兴趣现象的本质，当这种期待被打破时就会产生情绪，并产生一种通过更加努力探索和研究这些现象的冲动，这就是 5 号洞察型人格类型（以下简称为"5 号人格"）形成的心理机制的基础。

5 号人格运作过程

> 我要看透现象内在的规律！

人格运作模型

5 号人格运作模型见图 10–1。

第二部分
九种人格冲动

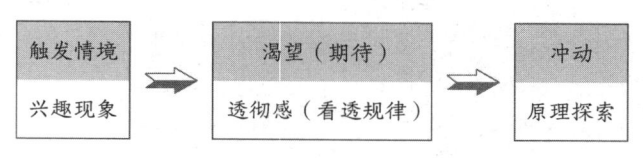

```
[触发情境]  ⇒  [渴望（期待）]  ⇒  [冲动]
 兴趣现象      透彻感（看透规律）    原理探索
```

图 10-1　5 号人格运作模型

5 号人格类型的人强烈渴望透彻感，这种透彻感体现为想要看透自己感兴趣现象的原理以获得深刻理解的状态，这种看透规律的状态被他们视为自己要努力获取的状态。如果他们发现现实生活中存在自己兴趣的现象——自己想要探究但还不理解其规律的现象，他们就会感觉非常不舒服，希望改变这种情况，这样就可以让自己回到舒服的状态了。当出现那些让他们感兴趣的现象时，他们会产生想要探究原理的强烈冲动，如果这种冲动的强度不断增强，就会促使他们做出一系列探究原理的行动。

关于识别兴趣现象

从现实情况到心理情境的识别过程是非常个体化的，并没有哪种现实情况一定会被识别为某种心理情境的对应关系。因此，并不存在一定会被 5 号人格类型的人识别为兴趣现象的情况，只有概率大小之分，而且还要看实际的情境。比如，对于大多数人可能不会感兴趣的情境（如蝴蝶的谱系、高阶魔方的解法、乐队成长的演变等），也可能被认定为兴趣现象；而对于大多数人觉得可能有兴趣的情境（如赚钱的相关因素、销售的原理、夫妻关系相处之道等），可能不会被认定为兴趣现象。

因此，对于兴趣现象的认定，我们不能用自己的看法来主观认定，而是要根据每个个体心理信念系统对于兴趣现象的规则来认定。

关于情境和冲动

表 10-1 是关于情境和冲动的不完全列举，都较为典型。不过，

即使存在下述情况，也不能判断一个人一定是 5 号人格。

表 10–1　　　　　　　　　　5 号人格的情境和冲动

冲动论（人格过程）		特质论（人格样貌）	
被识别为兴趣现象的触发情境	可能产生的探究原理的冲动	形象/特质论人格特征的来源	外号或评价
• 生活中困扰自己的状况 • 好奇的事物 • 智力游戏 • 烧脑影片	• 持续观察、思考 • 弄懂现象背后的规律 • 寻找攻略、经验贴、书籍等信息 • 与人探讨、请教	• 热爱思考 • 搜集、收藏信息和资料 • 思考比重多于情感 • 表达中的概念和逻辑较多	• 思想者 • 行走的电脑 • 收藏家 • 木头

专栏：体现 5 号人格运作的事例

案例 1：虽然别人觉得研究这些事物没什么用处，但是我很想弄明白

事件

　　A 特别想了解某种音乐类型的变化轨迹，这件事持续萦绕在他的心头。周围的人都觉得不从事音乐行业的 A 做这件事没什么意义，但是 A 对此非常好奇，并一直在坚持做这件事。A 独自做了多年的研究，后来在一些音乐论坛中不断发表基于自己研究的观点，很多人都觉得很有深度。于是，有音乐广播节目涉及该音乐类型评价的时候都会邀请 A 来做客主持，后来 A 凭借自己对于该音乐类型的长期研究和探索发展成为一名乐评人。除此以外，A 也表示对于生活中自己感兴趣的事都有这种倾向，只要是自己感兴趣的事就都特别想要搞清楚、弄明白。

心理过程解析

A希望可以看透兴趣现象的规律，在本事件中体现为弄懂这种音乐类型的变化轨迹。A也清楚这件事情对于当时的自己并没有实际价值，但是这种强烈的探究原理的冲动推使他不断去研究这件事。随着A深入的研究，他在该音乐类型的深度理解的价值开始显现，也帮助他成为一名乐评人，并帮助更多的人了解这种音乐类型的发展规律。

总结

本事件中，A对于看透兴趣现象的规律具体表达为：（1）去弄懂这种音乐类型的变化轨迹；（2）对于生活中自己感兴趣的事都有这种倾向。

案例2：搜集越多的信息，越有助于弄明白这些现象

事件

一位同事到B家做客，发现B有许多关于破案方法的书籍，觉得B也不是警察，怎么会读这么多这方面的书。B说，这是他多年的业余爱好。这触发了B极大的聊天热情，B开始向同事介绍自己这些年搜集的关于破案的资料，包括这些书籍和自己珍藏的许多影视剧、纪录片、电影等。还有专门探讨破案方法的微信群和微信公众号，B时常与群友交流。B说，只要是和破案有关的资料自己都会有搜集的冲动。

心理过程解析

B渴望看透兴趣现象的规律是通过搜集资料帮助自己探究原理，因此B喜欢搜集与自己兴趣现象相关的所有资料。

总结

本事件中，B对于看透兴趣现象的规律具体表达为：（1）搜集

与兴趣现象有关的资料；(2)具体包括书籍、影视剧、纪录片、电影、微信群和微信公众号。

区分人格、一般心理过程和习得冲动模式

> 我只探究我在实际工作中遇到的现象，生活中我还是喜欢放松大脑的。

区分人格心理过程与一般心理过程

即使一个人因没有看透规律而产生情绪，也不能说他就是5号人格。因为所有人都有过因没有达到看透规律而产生情绪的经历，所以不能说每个人都是5号人格。心理机制必须属于人格支配的心理过程才是人格心理过程，为了区分5号人格的心理过程和一般心理过程的对探究原理的追求，我们列出5号人格的心理过程的三个特点，如下所示。

- **非必要性（在不必要的小事上也存在）**。不仅在有必要维持看透规律事情上或重要的事情上这样要求自己，而且在许多没有必要的小事上也这样要求自己。比如，看电视剧时想要看透编剧的创作手法、娱乐时研究游戏攻略、看娱乐新闻时查询大量相关研究资料等。
- **普遍性（泛化到生活的方方面面）**。如果仅在单一的情境中拥有维持看透规律的心理过程（如在与自己最核心人生诉求有关的事上追求看透规律，但在除此以外的其他事情上，并不要求看透规律），那么这就不是人格过程，因为不具有普遍性。
- **失控性（强迫地出现情境失调）**。现实生活的场景并不要求看透规律，此时看透规律也并不是最重要的，但是5号人格类型的人却因为自己渴望看透规律而忽视了现实的实际需求，导致了情境

失调现象的出现——在不适合看透规律的环境中依然要求看透规律，比如知道在对方有情绪的时候应该优先安抚情绪，但是仍然忍不住要先搞懂对方为什么有情绪。

因此，5号人格类型的人的心理过程实际上指的是在生活的方方面面（从小到大、各个领域）都存在的，特别是在许多非必要的小事上强迫性地维持看透规律的渴望和探究原理的冲动。即便这种冲动和现实情境需求不一致，也会因情绪过于强烈而引发情绪失控行为——过分追求看透规律和探究原理。

一些很像5号人格的习得冲动模式会比日常心理过程更容易被错误地认为是人格心理过程。当然，借助上面的三个特点进行区分，也能找到人格心理过程。以下列出的习得冲动模式和可能的来源，能让你更容易去思考和分辨：

- 热爱阅读和学习——很多是源于童年期的培养、教育；
- 擅长逻辑、分析——很多是源于学生阶段的训练；
- 常年阅读——很多是源于个人习惯的养成；
- 擅长理论建构——很多是源于职业需要；
- 理性——很多是源于家庭、生活圈子的文化崇拜。

人格运作的信号

如果你能够充分理解"人格运作模式"小节的全部内容，并经过自我觉察后觉得自己很有可能是5号人格，那么下面这些内容可以帮助你在日常生活中更好地觉察人格心理过程运作的瞬间。

内在-觉察信号

觉察信号就是人格心理运作过程的体验痕迹，自己出现了什么样的感觉常常意味着人格被触发或者正在运作呢？

- 隐约感觉我想搞懂这个；
- 全神贯注于自己感兴趣的现象；
- 沉浸思考分析时；
- 忽略了自己和他人的情感；
- 对于原理以外的事物失去热情；
- 因为无法搞懂目前的现象而困惑；
- 感觉别人缺乏深度思考。

外在 – 观察线索

观察线索就是人格心理运作过程的表达痕迹，对方表现出什么样的线索就常常意味着人格被触发或者正在运作呢？

- 表情变得木然、不生动；
- 语气变得单调；
- 身体变得僵硬；
- 语言表达为"我想……这是这么回事"；
- 依某种观点为标准判断事物；
- 因论述而忽略情感表达。

多种表达

本能类型

自我保存本能（实际生活）：生活研究者

他们的人格心理过程更多地体现在实际生活的原理探究中，比如影响寝具舒适性的因素、决定菜品味道的工序流程、提高收入的各种手段等，并表现出高度的兴趣。最常见的是深入研究生活，追求看透实际生活中的规律，形成不断深入研究自己生活的状态，这种状态让他们有安全感。他们可能拥有很多自己独特的判断和操作方法，他们不太在意大家如何看待问题和操作，更多的是希望采用自己经过研究形成的视角和操作方法。他们希望自己能够清晰地理解自己的生活，这是他们安全感的基础。

性本能（亲密生活）：探索伙伴

他们的人格心理过程更多地体现为在亲密生活中共同探索兴趣现象，比如能够和亲密对象深入探讨兴趣话题、是否愿意共同研究探索、彼此对事物的看法是否一致等这些方面的共同探索。最常见的是寻找共同兴趣领域，他们希望和亲密关系对象拥有共同的兴趣领域，通过一起对共同兴趣领域的探索而感觉到深入的联结感。他们很愿意和亲密关系对象拥有更多的思想共识，想要和亲密对象形成思想的一致性，让彼此的交流更加契合和顺畅。他们希望自己和亲密关系对象一起探索并形成共识，这是他们联结感的基础。

群向本能（社群生活）：思想传播者

他们的人格心理过程更多地体现在与社群生活有关的原理探索中，比如所在社群对自己兴趣领域的理解水平、帮助社群更好地认识某个兴趣现象、社群中存在各种现象的原因等这些方面的原理探索。最常见的就是创造社群共识，他们希望自己所在的社群能够拥有相对一致的认识，大家能够基于这种共识而交流和行动，这会让他们感觉到稳定的归属感。他们会在社群生活中传播关于某个兴趣现象的深刻思想，希望社群中的每个人都能理解这个领域现象中的规律，进而活得更加清楚明白。他们希望社群的共识不被打破，这是他们归属感的基础。

表达倾向

直接表达：喜好探讨者。他们更加倾向于直接表达自己的人格冲动，在生活中的大事小情中都会去表达自己对看透规律的渴望和原理探究的冲动，因此他人会认为他们在每件事都要进行与规律和原理有关的探讨，即便对方可能并不是很感兴趣。

选择表达：学友深聊者。他们可能因为不清楚当下的情境是否应该表达自己的人格冲动而比较纠结，他们会忽略表达许多小的原理探究冲动，保留表达重要的原理探索冲动。他们会首先判断这个情境是否适合表达、适合什么样的表达，再根据情境去选择表达冲动的方式。

压抑表达：独立研究者。他们不喜欢表达自己的人格冲动，特别是关于他人的人格冲动被压抑，由第二心理反应所替代。然而，他们会表达关于自我要求的部分，会在与自己有关的大事小情上努力追求实现原理探究，努力提升自己以更深刻理解自己的生活，活得更加明白。

心智成熟度

完善：智者。他们的冲动通常不具有强迫性，更多地表现为将对原理的探究发展为基于观察现象探索其规律，进而更加客观地认识世界。这种状态下比较容易形成更加有效的行动，对客观规律的认识也让个体变得更加智慧。

一般：理论者。他们的冲动开始具有一定的强迫性，更多地表现为将对原理探究的追求发展为以自己的思想为建构主体，而非像智者那样完全以客观现实为观察对象。这种状态让他们通常以概念的形成进行思考和表达，对客观规律的认识局限在自己的概念表征上，这样的理论一部分反映了所研究现象的规律，一部分反映了研究者的个人判断和假设。

扭曲：书呆子。他们的冲动基本失控并处于强迫状态，更多地表现为对原理探究的非理性要求，难以忍受任何没有看透规律的状态，有病态倾向，并对心理健康的损害比较严重。这种状态比较容易形成脱离实际的概念性判断，并彻底沦为纸上谈兵。

人格运作对生活的影响

个人与情绪困扰

淡漠和迟钝。5号人格类型的人专注于思考，因而常会显得很淡漠，对情感的后知后觉让他们对于情感的反应有些迟钝。

困惑和无奈。有许多难以看透规律的现象，让5号人格类型的人常感到困惑，如果他们在付出诸多努力后依然无法看透规律便会感到无奈。

烦躁和嫌弃。无助于看透规律的琐碎事务常让5号人格类型的人很烦躁，不仅如此，一些毫无帮助的信息更是让他们深感嫌弃。

人际与家庭生活

深刻和表面。5号人格类型的人的深刻很容易和别人的通识发生冲突，他们会认为别人的想法很表面化，别人又会难以理解他们的想法。

探讨和闲聊。5号人格类型的人的探讨很容易和别人的闲聊发生冲突，他们认为别人尽说没有意义的东西，别人又会不喜欢和他们聊天。

见解和盲从。5号人格类型的人的见解常与别人的追随发生冲突，他们认为别人盲从各种思想，别人又会认为他们过于相信自己的想法。

天赋与职业优势

知识储备能力。知识储备决定了遇到问题时的应变能力，决定了处理手段的多寡，这一点是 5 号人格类型的人的看家本领。

布局式思考。布局是长远规划的基础，有了长远规划才能够有长足的发展，5 号人格类型的人的思维能力让他们很擅长布局式思考。

思路清晰。思路清晰才能够做出明智的决策，这需要不被情绪左右，5 号人格类型的人很擅长保持冷静，形成清晰的思路。

人格觉察和提升练习

随着人格运作阶段的不同，进行觉察和调整的难度也有所不同，因此我们按照从易到难、循序渐进的模式设计了一系列的觉察和提升练习，有助于更加有效地提升人格。

行动阶段

觉察点（本阶段人格运作的核心线索）：过度理性、缺乏活力

当 5 号人格类型的人开始过度理性或是对其他人缺乏活力时，说明其人格运作到了行动阶段，马上就要做出以探究原理（过度理性）为主导或者减少思考以外的投入（缺乏活力）的行动了，此时需要对行动的内容进行调整，才能够避免造成损害。

提升方法：扩展对情感的注意

5 号人格类型的人的默认行动状态常常是以自己的理性判断为核心依据，所以容易将事情考虑得很充分，感受衡量却不到位，即只考虑事件，不考虑人情世故。因此，5 号人格类型的人需要在感受到过度理性或者缺乏活力的冲动后，提醒自己多关注他人的情感领域，让自己在行动前不仅知道怎么做有效，还要清楚怎么做能让他人感觉舒服，这样在真正行动时才能够既让事件被有效处理，又兼顾人心情感。

练习

每天早上提醒自己：今天要觉察自己过度理性和缺乏活力的时刻。在觉察到这些时刻之后，练习扩展对情感的注意——我的情感感受如何？对方的情感感受如何？然后再行动。晚上总结这一天有多少次这样的冲动，有多少次有意识地成功调整了自己的行动方式。

体验阶段

觉察点（本阶段人格运作的核心线索）：隔离空间中旁观

当5号人格类型的人感觉自己在某个隔离空间（现实中或心理中存在）中旁观时，说明其人格运作到了体验阶段，这种状态会让5号人格类型的人开始与流淌的现实状态中的一切拉开距离。如果在这个阶段不加干预就很容易发展到行动阶段，这时就需要即时进行调整。

提升方法：走出隔离空间，走进流淌的现实

这个练习需要在发现自己处于隔离空间、处于旁观状态的时候，练习调整自己并投入与现实的真实互动中。这个练习需要循序渐进：从自己轻松的状态下去练习开始，直到自己开始能够做到，再去在自己之前更容易处于隔离空间旁观的情境中练习。

练习

每天早上提醒自己：今天要觉察处于隔离空间中旁观的时刻。在觉察到这些时刻之后，练习走进流淌的现实，让自己投入与现实的互动中。晚上总结这一天出现了多少次这样的时刻，有多少次有意识地让自己成功走进流淌的现实状态。

触发阶段

觉察点：狭窄好奇

5号人格类型的人狭窄的好奇对象是触发阶段的核心原因，他们的大部分时间都在对有限的狭窄好奇对象进行体验和观察，从而忽略了广阔的生命现象，进而让自己失去狭窄好奇以外的众多生命体验。如果能够减少狭窄好奇，就能够最大限度地转变固化的专注探究兴趣现象的思维模式，就能够让 5 号人格类型的人开始与流淌的现实经验相接触，而不是只停留在自己的隔离空间中对经验进行概念性的建构。

提升方法：变狭窄的好奇为宽广的求知

在狭窄的好奇的驱使下，5 号人格类型的人就会专注于现实的某一个面，这必然会导致他们割裂地看待现实。使他们只能看到自己认知、注意到的部分现实，而不是世界本来的真实过程的整体。只有学会进入宽广的求知状态，才能够意识到生活的方方面面都有重大价值，让自己完整地经历真实的生活过程，让自己变得更加智慧。

练习

回忆自己之前的宽广求知状态——不凭着自己的主观好奇驱使观察，投入整个过程中是一种什么样的体验？是什么让你能够进入这个状态？做什么能够帮助你回到那种状态？每天早上提醒自己：今天要觉察狭窄好奇的时刻。在觉察到这些时刻之后，练习回到宽广的求知状态——不凭着自己的主观好奇驱使观察，而是投入整个过程的状态。晚上总结这一天出现了多少次这样的时刻，有多少次通过有意识地调整，让自己成功回到宽广的求知状态。

第11章

6号多虑型：考虑周全以更有把握

人格运作模式

关于把握程度和确定感

谁都希望自己可以对生活中的大事小情都更加有把握。

当我们在生活中遇到各种各样的事情时，自我衡量的把握程度是影响我们如何看待事情最核心的因素。对于有把握的事，我们可以安心面对，这就是拥有确定感的表现；对于没有把握的事，我们可能会焦虑不已、难以安心，这就是缺乏确定感的表现。

如何提升对于事件的把握？很多人的经验就是提前做好全面的考虑，充分考虑相关的因素，如事情的正反两面、好处和风险。考虑得越全面，在面对事情时就越有把握。要想考虑得更加周全并非一件容易的事情，大多数人想问题的时候容易出现丢三落四的状况，这对于渴望拥有确定感的人来说是一个非常难以克服的巨大障碍。这并非没有办法解决，第一次面对可能无法考虑全面，那就可以增加考虑的次数、考虑的角度、考虑的时间。有各种各样的办法可以尽量做到更加全面，这也能够增加确定感。

虽然有这些手段可以有助于增加确定感，但是还存在另外一个更大的障碍——自我质疑。自我质疑能够彻底让确定感消失。自我质疑对于确定感的破坏作用是非常巨大的，又难以找到好的办法彻底根除。在这种情况下，平衡自我质疑和确定感就催生出将信将疑这样一种状态。既不完全否定，也不彻底信奉，最终形成了一种被不断审视并随时调整的确信度系统。

确信度系统很像侦探对于案件相关人的状态，在真相没有被彻底揭示之前，通过对于证据的全面分析，猜测谁才是最有可能的嫌疑人。即便如此，也还需要找到确凿的证据来形成最终准确的结论，因此对于证据链的全面分析是支撑确信度系统运作的核心基础。

因此，我们可以发现，对于确定感的追求让人们拥有了一系列实现手段，比如重视证据链、全面考虑和分析、不断质疑结论等。

试着回答这些问题：当你对某件事情或某个情况不那么有把握时，你会通过什么来提高确定感？你如何面对和处理自我质疑，如果无法处理会有什么影响？在你能够形成比较好的确定感之后，会有什么状态的变化，对生活有什么影响？我想你应该可以感觉到，确定感对我们的生活有多重要，同时也能够对获得确定感的过程开始有所理解。

因此，个体如果因为渴望确定感而想要通过个人努力提高对于事物的把握程度，当这种期待被打破时就会产生情绪，并产生一种通过更加努力考虑周全让事件变得更有把握的冲动，这就是 6 号多虑型人格类型（以下简称为"6 号人格"）形成的心理机制基础。

6 号人格运作过程

> 我要考虑得更加全面！

人格运作模型

6 号人格运作模型见图 11–1。

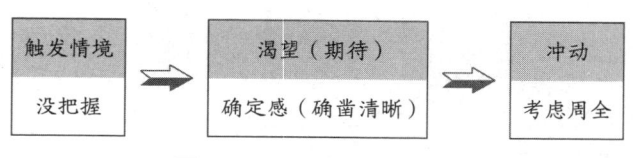

```
触发情境          渴望（期待）         冲动
 没把握         确定感（确凿清晰）     考虑周全
```

图 11–1　6 号人格运作模型

6 号人格类型的人强烈渴望确定感，这种确定感体现为想要对事物考虑得更加周全以拥有更多把握的状态，这种确凿和清晰的状态被他们视为自己要努力获取的状态。如果他们认为对现实生活中的某些事情没把握，即自己对想要弄清楚的事情难以达到确凿、清晰的程度，他们就会感觉非常不舒服，希望改变这种情况，让自己回到舒服的状态。当他们感觉到没把握时，会产生考虑周全的强烈冲动，这种冲动不断增强，就会促使他们做出一系列考虑周全的行动。

关于识别没把握

从现实情况到心理情境的识别过程是非常个体化的，并没有哪种现实情况一定会被识别为某种心理情境的对应关系。因此，并不存在一定会被 6 号人格类型的人识别为没把握的情况，只有概率大小之分，而且还要看实际的情境。比如，对于大多数人可能不会觉得没把握的情境（如决定吃什么东西、哪件衣服更好看、自己身体的健康程度等），也可能被认定为没把握；而对于大多数人可能会觉得没把握的情境（如某种没有遇到过的新情况、创办一家公司、一个不好搞定的客户等），也可能不会被认定为没把握。

因此，对于"没把握"的认定，我们不能用自己的看法来主观认定，而是要根据每个个体心理信念系统对于没把握的规则来认定。

关于情境和冲动

表 11–1 是关于情境和冲动的不完全列举，都较为典型。不过，即使存在下述情况，也不能判断一个人一定是 6 号人格。

表 11–1　　　　　　　　　6 号人格的情境和冲动

冲动论（人格过程）		特质论（人格样貌）	
被识别为没把握的触发情境	可能产生的考虑周全的冲动	形象/特质论人格特征的来源	外号或评价
• 在乎的未来事件 • 模糊不清晰的状态 • 没有证据的言辞话语 • 不合常理的事件	• 考虑多种可能性 • 深入调查了解 • 搜集证据验证 • 多种渠道查探事件的来龙去脉	• 忧患多虑 • 周全细致 • 容易质疑，不易相信 • 思想负担重，犹豫不决	• 靠谱的人 • 侦探 • 瞎担心 • 被害妄想

专栏：体现 6 号人格运作的事例

案例 1：不确定的事会让我持续焦虑，我会一直去想

事件

A 说自己最大的烦恼就是，但凡有什么事让自己焦虑，就会不断地想。A 说自己并不很喜欢这种状态，而且常常会想很多未必会发生的可能性，这甚至会影响其休息，让他常常感到头疼。他非常想要改变，但就是控制不住地反复思考，总担心自己考虑得不够。比如没出考试成绩的时候、与某位女同事彼此喜欢但还没有确定关系的阶段、领导要找他谈话但是没说要谈什么时等，这些状况总会让他胡思乱想。当然，A 觉得自己的这个特点也有好的影响，比如，他曾在工作中遇到一个自己觉得不太确定的情况，想了很多之后还是不踏实，忍不住做了一些调查，最终避免了一个重大的损失。

心理过程解析

A 希望可以获得确凿、清晰的确定感，在本事件中体现为不断思考那些让他无法确定的事。A 自己并不喜欢这种状态，但就

是控制不了，这体现了这种状态的情绪失控性。那些无法确定的事成了焦虑的肇因，有了焦虑就会处于持续思考状态。如果这件事不会对他产生什么影响，这种持续思考就成了胡思乱想；如果这件事对他确实有所影响，这种持续思考可能就会规避一些风险。

总结

本事件中，A对于获得确凿、清晰的确定感具体表达为：（1）持续思考让自己不确定的焦虑事件；（2）具体包括没出考试成绩的时间段、与某位女同事彼此喜欢但还没有确定关系的阶段、领导要找自己谈话但是没说要谈什么。

案例2：虽然对方做了保证，但我还是需要用证据来证明

事件

B有一次去菜市场买鱼，鱼贩说这些鱼近6千克。B希望鱼贩称一下，但是鱼贩说秤被另一个商贩借走了，不过他保证不会缺斤少两。B看到旁边商贩有秤，坚持让鱼贩用那个秤量了一下，亲眼看到这些鱼确实近6千克，才安心买了鱼。别人的口头保证无法让B感到安心，只有亲眼看到证据才行。除此以外，生活中还有很多类似的事，比如销售人员的话、伴侣的承诺等，B对于这些言辞都需要再度考察，通过证据验证才感到足够安心。

心理过程解析

B希望可以获得确凿、清晰的确定感，在本事件中体现为所有言辞都需要证据来证实。B在买鱼时对于鱼的重量心存怀疑，直到他从旁边商贩的秤上亲眼看到了鱼的重量才安心。

总结

本事件中，B对于获得确凿、清晰确定感的渴望具体表达为：

> （1）希望能够通过证据来证明言辞是否如实；（2）通过秤去测量看看是否像鱼贩说的那样；（3）对于销售人员的话语、伴侣的承诺等言辞都会通过这种方式来验证。

区分人格、一般心理和习得冲动模式

> 我只对极其重要的事会尽量考虑周全，对生活中的大多数事情是不会深思熟虑的。

区分人格心理过程与一般心理过程

即使一个人因没有达到确凿和清晰而产生情绪，也不能说他就是6号人格。因为所有人都有过因没有达到确凿和清晰而产生情绪的经历，所以不能说每个人都是6号人格类型。心理机制必须属于人格支配的心理过程才是人格心理过程，为了区分6号人格的心理过程和一般心理过程对考虑周全的追求，我们列出6号人格的心理过程的三个特点，如下所示。

- **非必要性**（**在不必要的小事上也存在**）。不仅在有必要维持确凿、清晰的事情上或重要的事情上这样要求自己，而且在许多没有必要的小事上也这样要求自己。比如，随意聊天中的某句话是否有深层含义、朋友请客是否存在某种目的、伴侣的一个眼神是否代表着某种意义等。
- **普遍性**（**泛化到生活的方方面面**）。如果仅在单一的情境中拥有追求确凿和清晰的心理过程（如在与自己最核心人生诉求有关的事情上追求确凿、清晰，但在除此以外的其他事情上，并不要求确凿、清晰），那么这就不是人格过程，因为不具有普遍性。
- **失控性**（**强迫地出现情境失调**）。现实生活的场景并不要求确凿和清晰，此时确凿和清晰也并不是最重要的，但是6号人格的人却因为自己渴望确凿和清晰而忽视了现实的实际需求，导致情境失调现象的出现，在确凿和清晰的环境中依然要求确凿和清晰，比如知道在婚姻关系中胡思乱想会影响彼此的感受，但还是忍不住对不确定的事物胡思乱想。

因此，6号人格类型的人的心理过程实际上指的是在生活的方方面面（从小到大、各个领域）都存在的、特别是在许多非必要的小事上强迫性地维持确定感的渴望和考虑周全的冲动。即便这种冲动和现实情境需求不一致，也会因情绪过于强烈而常常表现出情绪失控行为，即过分教条地坚持确定感和考虑周全。

一些很像6号人格的习得冲动模式比日常心理过程更容易被错误地认为是人格心理过程。当然，借助上面的三个特点的区分，也能找到人格心理过程。以下列出的习得冲动模式和可能的来源，能让你更容易去思考和分辨：

- 很注意安全——很多是源于童年期的家庭教育；
- 特别容易焦虑——很多是源于心理创伤；
- 善于察言观色——很多是源于社会历练；
- 对风险比较敏感——很多是源于职业训练；
- 不轻易相信——很多是源于文化、个人观念。

人格运作的信号

如果你能够充分理解"人格运作模式"小节的全部内容，并经过自我觉察后觉得自己很可能是6号人格，那么下面这些内容可以帮助你在日常生活中更好地觉察人格心理过程运作的瞬间。

内在-觉察信号

觉察信号就是人格心理运作过程的体验痕迹，自己出现了什么样的感觉常常意味着人格被触发或者正在运作呢？

- 隐约感觉到我想确定到底是怎么回事；
- 全神贯注于自己没有把握的事物；
- 沉浸在全方位多种可能性的考虑中；
- 忽略了事物的积极性而胡思乱想；
- 对于努力确定以外的事物失去注意力；
- 因无法确定某个事物而焦虑；
- 感觉别人存在某种不一致。

外在 – 观察线索

观察线索就是人格心理运作过程的表达痕迹，对方表现出什么样的线索就常常意味着人格被触发或者正在运作呢？

- 表情变得凝重、思虑；
- 语气变得疑惑；
- 变得坐立不安；
- 语言表达为"我想……这些都需要考虑到"；
- 倾向于以证据为标准判断事物，并且对于判断留有余地；
- 因质疑而影响关系相处。

多种表达

本能类型

自我保存本能（实际生活）：风险防范者

他们的人格心理过程更多地体现在实际生活的确凿和清晰中，比如自己的存款能否应对未知风险、某些事物是否影响身体健康、某人是否会危害到自己等。最常见的是注重生活各方面的安全，过分追求实际生活中的确凿和清晰，让他们形成了努力维持稳定安全生活的状态，这让他们有安全感。他们可能拥有很多关于风险的考虑和预防措施，他们通过这些对风险的详尽考虑和提前研究好的预防措施来降低生活中的风险。他们希望能够过稳定安全的生活，这是他们安全感的基础。

性本能（亲密生活）：共建信任者

他们的人格心理过程更多地体现在亲密生活中的确凿和清晰的共同建设中，比如和亲密对象之间能否彼此信任、能否遵守彼此的约定、在需要的时候能否被支持等。最常见的是持续的信任度衡量，他们希望和亲密关系对象能够共同建设和维护彼此的信任度，通过共同努力地建设和改善关系而感觉到深入的联结感。他们很愿意和亲密关系对象一起面对不断出现的困难和考验，他们非常想要和亲密对象能够形成互相信赖的伙伴关系，让彼此可以协同前进。他们希望自己和亲密关系对象一起建设彼此的信任感，这是他们联结感的基础。

群向本能（社群生活）：团队维稳者

他们的人格心理过程更多地体现在与社群生活有关的确凿和清晰中，比如社群状况是否足够清晰稳定、所属社群对自己是否足够接纳和支持、彼此是否足够相互支持等这些方面的确凿和清晰。最常见的是维护社群稳定，他们希望自己所属社群足够安稳，大家相互支持，以避免社群成员分崩离析，这会让他们拥有稳定的归属感。在社群生活中，他们会尽量减少社群的不稳定因素，希望社群的运作规律不被其他事物搅乱，通过减少不稳定因素来提升社群的稳定性。他们希望社群维持稳定的运作状态，这是他们归属感的基础。

表达倾向

直接表达：疑惑多问者。 他们更加倾向于直接表达自己的人格冲动，在生活中的大事小情中都会去表达自己对确定感的渴望和考虑周全的冲动，因此会被他人认为每件事都要进行关于确定事物状态的探讨，他们会表达很多疑惑和问题以进行求证。

选择表达：要事商议者。他们可能因为不清楚当下的情境是否应该表达自己的人格冲动而比较纠结，从而放弃许多小的考虑周全冲动，保留对重要的考虑周全冲动的表达。他们会首先判断这个情境是否适合表达、适合什么样的表达，再根据情境去选择表达冲动的方式。

压抑表达：暗自验证者。他们不喜欢表达自己的人格冲动，特别是关于他人的人格冲动被压抑了，由第二心理反应所替代。然而，他们会表达关于自我要求的部分，会在与自己有关的大事小情上努力追求实现考虑周全，努力独立地去做充分的考虑和足够的验证，通过这些验证来提高对生活中事件的确定性。

心智成熟度

完善：预言家。他们的冲动通常不具有强迫性，更多地表现为将对考虑周全的追求发展为基于足够大量的线索对未来的推演，这种推演可以帮助自己更好地认识到现实的走向。这种状态下比较容易形成有预见性的行动，能够提前为未来可能进行的活动做好充分的准备。

一般：预防者。他们的冲动开始具有一定的强迫性，更多地表现为将对考虑周全的追求发展为不断地思考让自己不安的事情的众多可能性，特别是消极可能性。这种状态让他们更多考虑到未来的风险，并通过对风险的推演产生一系列预防措施。也正是因为这种对风险的过度敏感，让他们比较容易处于焦虑状态。

扭曲：妄想者。他们的冲动基本已经完全失控，处于强迫状态，更多地表现为对于考虑周全的非理性要求，对任何一点没考虑周全的状态都是难以忍受的，开始产生病态倾向，对心理健康的损害比较严重。这种状态下比较容易形成脱离实际的妄想，这些缺乏客观依据的妄想会让他们拥有强烈的敌意，会强烈地想要消灭妄想中的假想敌。

人格运作对生活的影响

个人与情绪困扰

焦虑和紧张。6号人格类型的人容易因为过度关注未来的负面而可能陷入焦虑，为了避免那些负面的可能，他们会持续保持紧张和警惕。

质疑和犹豫。信息的不确定性会让6号人格类型的人备感困惑，这使他们无法确定实际情况是如何的，会因此陷入犹豫之中。

恐惧和应激。6号人格类型的人会因认为存在风险而感到恐惧，如果这种恐惧是剧烈的，就会让他们进入一种准备战斗的应激状态中。

人际与家庭生活

精准和粗略。6号人格类型的人的精准很容易和别人的粗略产生冲突，他们觉得别人讲话过于模棱两可，别人又会觉得他们太过较真。

全面和简单。6号人格类型的人的全面很容易和别人的简单产生冲突，他们觉得别人考虑不够周全，别人又会觉得他们想得太多、太负面。

忧患和安乐。6号人格类型的人的忧患很容易和别人的安乐发生冲突，他们觉得别人不为未来提前考虑，别人又会觉得他们不能享受当下。

天赋与职业优势

多重考虑。多重考虑可以增加思考的全面度，也能够改善行动的效果，而这正是 6 号人格类型的人的看家本领。

风险式思考。风险式思考可以减少进入误区的可能，这有助于降低风险性成本，6 号人格类型的人的思维方式让他们很善于此。

细致周详。细致是服务好坏的关键，只有细致入微的服务才能够彻底征服客户，6 号人格类型的人的细心对这一点非常有帮助。

人格觉察和提升练习

随着人格运作阶段的不同，进行觉察和调整的难度也有所不同，因此我们按照从易到难、循序渐进的模式设计了一系列的觉察和提升练习，有助于更加有效地提升人格。

行动阶段

觉察点（本阶段人格运作的核心线索）：过度预演、戒备、提防

当 6 号人格类型的人开始过度预演或是对其他人戒备、提防时，说明其人格运作到了行动阶段，马上就要开始以过度设想未来的多种可能性（过度预演）为主导或者时刻戒备对方的可能意图（戒备、提防）的行动了，此时需要对行动的内容进行调整，才能够避免造成损害。

提升方法：设定好预防方案后，走出应激状态

6 号人格类型的人的默认行动状态常常是以负面判断为基础的，这容易让他们持续处于应激状态，产生许多过度的反应。因此，他们需要学会练习设定预防方案，通过对负面可能性设定预防方案让自己回归安心，通过这种练习帮助自己走出过度反应的应激状态，回到比较适度的行动中。

练习

每天早上提醒自己：今天要觉察自己过度预演和戒备、提防的时刻。在觉察到这些时刻之后，练习设定预防方案——如果过度预演中的负面可能性出现该如何处理？如果对方有某种目的该如何处理？在走出应激状态后，再去行动。晚上总结这一天出现了多少次这样的冲动，有多少次有意识地成功调整了自己的行动方式。

体验阶段

觉察点（本阶段人格运作的核心线索）：焦虑

当 6 号人格类型的人感觉到焦虑（忐忑不安的状态）时，说明其人格运作到了体验阶段，他们开始将注意力从当下现实推向未来设想。如果在这个阶段不加干预就很容易发展到行动阶段，因此需要即时进行调整。

提升方法：平静

这个练习需要在发现自己处于焦虑状态的时候，练习调整自己回归平静，可以练习做一些帮助自己专注、放松的事（茶道、射箭、游泳等）。这个练习需要循序渐进，当自己可以在某个活动中感受到平静之后，再尝试将这种平静带到日常生活中，直到可以在自己焦虑时也能够回归平静。

练习

每天早上提醒自己：今天要觉察自己处于焦虑的时刻。在觉察到这些时刻之后，练习回归平静的状态。晚上总结这一天出现了多少次这样的时刻，有多少次有意识地让自己成功回归平静的状态。

触发阶段

觉察点：消极联想倾向

消极联想倾向是 6 号人格类型的人的触发阶段的核心原因，面对生活中的现象，他们特别容易产生消极的联想，进而让自己更加关注事物的消极可能性，因而忽略其积极可能性。如果能够减少消极联想倾向，就能最大限度地转变他们固化的专注预防消极可能性的思维模式，从而让他们开始与更加完整的现实经验相接触，而不是只停留在自己的消极可能性的设想中。

提升方法：关注积极可能性，平衡看待事物整体

在消极联想倾向的驱使下，6号人格类型的人会专注于现实的消极可能性，必然会悲观地看待现实。这个时候只能看到现实的消极部分，而不是世界本来的真实过程的整体。只有学会多去注意事物的积极可能性，让自己可以更加平衡地看待事物，更加全面地看到事物整体，才能够更好地获得安心和幸福的体验。

练习

回忆自己之前有过的平衡看待事物整体的状态——当不过度联想事物的消极可能性、平衡看待整个事物时是什么体验？是什么让自己能够做到这种状态？做什么能够帮助自己回到那种状态？每天早上提醒自己：今天要注意自己有消极联想倾向的时刻。在觉察到这些时刻之后，练习回到平衡看待事物整体的状态——不过度联想事物的消极可能性，平衡地看待整个事物的状态。晚上总结这一天出现了多少次这样的时刻，有多少次通过有意识地调整，让自己成功回到平衡看待事物整体的状态。

第12章

7号趣味型：让生命体验变得好玩有趣

人格运作模式

关于新奇经验和趣味感

谁都希望自己的生活充满乐趣。

生命是一次宝贵的机会，我们可以利用这个宝贵的机会去创造丰富的生命体验。然而，一切生命体验都需要通过探索和努力才能够获得。当我们获得某种从未体验过的生命经历时，也会随之体验到巨大的欣喜，这就是让生命值得的核心因素——趣味感。

要想拥有更加丰富的生命体验，就要不断创造新鲜的经历。纵然这些新鲜的经历并不都那么美好，但是那些新奇好玩的经验让生命变得更加生动有趣，因此这些探索就非常值得。拥有新鲜的经历是最重要的事情，因此需要不断关注自己没有见识过的新奇事物。

可是世界的新奇事物并不会那么快地被创造出来，与其被动地等着发现，不如主动去创造。我们可以通过奇思妙想去发散思维，形成各种各样的奇怪的点子，其中一定有靠谱的、有趣的点子，有助于创造出新奇事物。

可是有的时候，我们不得不经历一些过于熟悉和单调的日常重复。为了摆脱无聊，可以在这些日常经历中加入许多创意，只要和上次不一样，就能够让这次的经历成为新鲜事物了。即便没法加入创意，至少还可以美化自己对现实的看法。虽然现实并不都是有趣的，但是经过了自己的内在创造，它们就变得不一样了，这样的生活就变得值得了。

除此以外，不论是和现实互动还是和朋友互动，未必非得墨守成规。只要能够让自己的生命变得有趣，现实生活中的一切人、事、物就都可以是玩耍嬉戏的伙伴。

因此，我们可以发现，对于趣味感的追求，让人们拥有了一系列实现手段，比如发现新鲜事物、创造奇思妙想、在日常经历中加入创意、美化对现实的看法以及与生活中的人、事、物玩耍嬉戏等。

可以试着去回答这些问题：当下感到无聊时，你会通过什么来创造趣味感？你如何面对和处理单调乏味，如果无法处理会有什么影响？在你能够形成趣味感之后会出现什么变化，对生活有什么影响？你应该可以感觉到趣味感对我们的生活有多么重要，同时也能够理解获得趣味感的过程。

因此，个体如果因为渴望趣味感而想要通过个人努力提高对于事物的有趣程度，那么，当这种期待被打破时就会产生情绪，并产生一种通过更加努力地创造新奇经验让事件变得更有趣味的冲动，这就是7号趣味型人格类型（以下简称为"7号人格"）形成的心理机制基础。

7号人格运作过程

> 我要让生活变得充满乐趣！

人格运作模型

7号人格运作模型见图12-1。

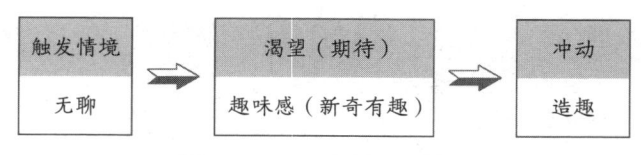

图 12-1　7 号人格运作模型

7 号人格类型的人强烈渴望趣味感，即希望体验新奇有趣，这种新奇有趣的状态被他们视为自己要努力获取的状态。当他们发现现实生活无聊（即自己当下的生命体验无趣）时，他们就会感觉非常不舒服、希望改变这种情况，让自己回到舒服的状态。当他们感觉到无聊时，他们会产生造趣（即制造趣味经验）的强烈冲动，这种冲动不断增强，就会促使他们做出一系列造趣的行动。

关于识别无聊

从现实情况到心理情境的识别过程非常个体化，并没有哪种现实情况一定会被识别为某种心理情境的对应关系。因此，并不存在一定会被 7 号人格类型的人识别为无聊的情况，只有概率大小之分，而且还要看实际的情境。比如，对于大多数人可能不会觉得无聊的情境（如随意地聊聊家常、看一个爆火的电视剧、玩一个流行的游戏等），也可能会被认定为无聊；而对于大多数人可能觉得无聊的情境（如独自旅行、去外地出差、自己待在家里等），也可能不会被认定为无聊。

因此，对于"无聊"的认定，我们不能用自己的看法来主观认定，而是要根据每个个体心理信念系统对于无聊的规则来认定。

关于情境和冲动

表 12-1 是关于情境和冲动的不完全列举，都较为典型。不过，即使存在下述情况，也不能判断一个人一定是 7 号人格。

表 12–1　　　　　　　　　　7 号人格的情境和冲动

冲动论（人格过程）		特质论（人格样貌）	
被识别为无聊的触发情境	可能产生的造趣的冲动	形象/特质论人格特征的来源	外号或评价
• 重复单调的状态 • 沉闷的沟通 • 被限制和管教 • 被提前设定好规范	• 创造新奇事物 • 让沟通气氛变得有意思 • 突破限制，自由探索 • 跳出框架，发散各种点子	• 热情搞怪 • 自由奔放 • 注意力发散 • 思路跳跃，说话跳脱	• 追新族 • 开心果 • 三分钟热血 • 人来疯

专栏：体现 7 号人格运作的事例

案例 1：每当无聊时，就会走神

事件

A 的注意力特别容易转移，但自己并不太喜欢这样。如果老师讲课过于冗长，他就会走神，想一些有意思的事。如果聚会时别人聊的不是他感兴趣的话题，他就会主动引到自己感兴趣的话题上。如果需要长期重复做一件事，那么当他感觉到没有意思的时候就会失去坚持的动力，会想去尝试其他的事情。可是，尽管 A 暂时脱离了无聊，但也常常无法坚持某些对自己很重要的事，他很想改变这一点。

心理过程解析

A 希望获得好玩有趣的趣味感，在本事件中体现为无聊时走神，去创造或者寻找有意思的事物。不过，这也给 A 带来了烦恼，因为他很难持之以恒。

总结

本事件中，A 对于获得好玩有趣的趣味感的渴望具体表达为：（1）每当无聊时会走神；（2）具体包括无聊时溜号、在不感兴趣的聊天中引导话题、无法坚持重复的事情并总想尝试新事情等；（3）A 不喜欢常常走神的状态，但又难以控制，进而影响了生活，因此对他造成了烦恼。

案例 2：自己有很多点子，创意十足

事件

B 特别喜欢头脑风暴，认为想出天马行空的点子是一件非常有趣的事。自己在策划公司晚会时，想了非常多有意思的环节，最终整个晚会都没有冷场，相当火爆，领导也特别满意。还曾帮助朋友设计求婚仪式，整个过程完全不落俗套，朋友的未婚妻也非常感动。就连做菜 B 也有新奇的点子，常常把一些不同寻常的菜搭配在一起，虽然并不是每次都很好吃，但是 B 很享受这个过程。

心理过程解析

B 渴望获得好玩有趣的趣味感是创造许许多多的奇思妙想，因此他在各种事情中都会开启自己的创意，以让事情变得生动有趣。

总结

本事件中，B 对获得好玩有趣的趣味感具体表达为：（1）通过自己的奇思妙想创造出的点子；（2）具体包括让晚会充满乐趣、让求婚不落俗套、做菜新奇搭配的点子等。

区分人格、一般心理过程和习得冲动模式

> 我只在和朋友相处的时候追求享受乐趣，在其他时候往往不是这样的。

区分人格心理过程与一般心理过程

即使一个人因没有达到新奇有趣而产生情绪，也不能说他就是 7 号人格。因为所有人都有过因没有达到新奇有趣而产生情绪的经历，所以不能说每个人都是 7 号人格。这种心理机制必须属于人格支配的心理过程才是人格心理过程，为了区分 7 号人格的心理过程和一般心理过程对造趣的追求，我们列出 7 号人格的心理过程的三个特点，如下所示。

- **非必要性**（**在不必要的小事上也存在**）。不仅仅在有必要维持新奇有趣的事情上或重要的事情上这样要求自己，而且在许多没有必要的小事上也这样要求自己。比如，随身的饰品要看起来好玩、独处时要创造别致游戏、做日常事务时要做得有新创意等。
- **普遍性**（**泛化到生活的方方面面**）。如果仅在单一的情境中拥有追求新奇有趣的心理过程（如在与自己最核心人生诉求有关的事情上追求新奇有趣，但在除此以外的其他事情上，并不要求新奇有趣），那么这就不是人格过程，因为不具有普遍性。
- **失控性**（**强迫地出现情境失调**）。现实生活的场景并不要求新奇有趣，这时新奇有趣也并不是最为重要的，但是 7 号人格类型的人却因为自己渴望新奇有趣而忽视了现实的实际需求，导致出现情境失调现象——在非新奇有趣更好的环境中依然要求新奇有趣，比如，知道在重要的事情上坚持和重复会有好的效果，但是还是忍不住会在感到无聊时想要跳到新奇有趣的事物上。

因此，7 号人格类型的人的心理过程实际上指的是：在生活的方

方面面（从小到大、各个领域）都存在的、特别是在许多非必要的小事上强迫性地维持趣味感的渴望和造趣的冲动。即便这种冲动和现实情境需求不一致，也会因情绪过于强烈而常常表现出情绪失控行为，即过分教条地追求趣味感和造趣。

一些很像 7 号人格的习得冲动模式会比日常心理过程更容易被错误地认为是人格心理过程。当然，借助上面的三个特点的区分，也能找到人格心理过程。以下列出的习得冲动模式和可能的来源，能让你更容易去思考和分辨：

- 很喜欢热闹——很多是源于童年记忆（关于快乐的记忆）；
- 难以坚持——很多是源于自控力不足；
- 喜欢丰富多彩的生活——很多是源于个人追求；
- 沟通时很幽默——很多是源于职业训练、个人锻炼；
- 追求自由——很多是源于某种文化、观念。

人格运作的信号

如果你能够充分理解"人格运作模式"小节的全部内容，并经过自我觉察后觉得自己很可能是 7 号人格，那么下面这些内容可以帮助你在日常生活中更好地觉察人格心理过程运作的瞬间。

内在 - 觉察信号

觉察信号就是人格心理运作过程的体验痕迹，自己出现了什么样的感觉常常意味着人格被触发或者正在运作呢？

- 隐约感觉到我想创造点乐趣；
- 全神贯注于自己感兴趣的事物中；
- 沉浸在各种奇思妙想的点子时；
- 忽略自己不感兴趣的事物时；

- 感到无聊时转移注意力；
- 因无法跳出当下环境感受乐趣而烦躁；
- 感觉别人限制了自己因而无法获得乐趣。

外在 – 观察线索

观察线索就是人格心理运作过程的表达痕迹，对方表现出什么样的线索就常常意味着人格被触发或者正在运作呢？

- 表情变得灵活、多变；
- 语气变得激动兴奋；
- 身体变得手舞足蹈；
- 语言表达为"我想……这样才有意思"；
- 倾向于以喜好为标准判断事物；
- 因过度自我关注而影响关系相处。

多种表达

本能类型

自我保存本能（实际生活）：精彩生活者

他们的人格心理过程更多地体现在让实际生活变得新奇有趣，比如饮食是否有新的吃法和口感、衣服是否新潮且令人开心、如何开发日用品的新功能等方面的趣味性，并在这些方面投入了大量的精力。通常表现为注重生活的精彩丰富程度，过分追求实际生活中的新奇有趣，希望创造丰富多彩的生活，这让他们有安全感。他们可能做出很多探索性尝试，以此让新元素进入自己的生活。他们希望自己能够拥有精彩、丰富的生活，这是他们安全感的基础。

性本能（亲密生活）：共享乐趣者

他们的人格心理过程更多地体现为在亲密生活领域共同探索新奇有趣，比如和亲密对象创造共同的乐趣、彼此不会限制对方获得乐趣、共同多创造一些有意思的经历等方面。最常见的是共同创造乐趣的项目，他们希望和亲密关系对象一起享受许多有意思的时光，以此增进关系，从而建立深入的联结感。他们很愿意和亲密关系对象一起创造有意思的互动方式，不拘泥于平常的互动方式，探索一些别具一格、新奇好玩的互动方式。他们希望自己和亲密关系对象一起享受充满乐趣的时光，这是他们联结感的基础。

群向本能（社群生活）：氛围活跃者

他们的人格心理过程更多地体现为与社群生活有关的新奇有趣，比如社群的氛围是否足够活跃、所属社群是否允许自由尝试新鲜事物和发起有趣的集体活动等。最常见的是注重社群氛围，希望自己所属社群拥有轻松愉快的氛围，每个人都可以放松快乐，这会让他们拥有稳定的归属感。在社群生活中，他们通过给社群增加有意思的元素来让每个人都能感受到快乐。他们希望社群在轻松愉悦的氛围中运作，这是他们归属感的基础。

表达倾向

直接表达：活泼跳跃者。他们更加倾向于直接表达自己的人格冲动，在生活中的大事小情中都会去表达自己对趣味感的渴望和造趣的冲动，因此会被他人感知到每件事中都是追求趣味感的，他们希望大家一起活跃起来。

选择表达：友人娱乐者。他们因为不清楚当下的情境是否应该表达自己的人格冲动而比较纠结，从而放弃表达许多小的造趣冲动，保留重要的造趣冲动的表达。他们会首先判断这个情境是否适合表达、适合什么样的表达，再根据情境去选择表达冲动的方式。

压抑表达：独自享乐者。他们不喜欢表达自己的人格冲动，特别是关于他人的人格冲动被压抑了，由第二心理反应所替代。然而，他们会表达关于自己的部分，会在与自己有关的大事小情上努力追求造趣，努力地去独立创造快乐的生活，让自己摆脱无聊。

心智成熟度

完善：创意家。他们的冲动通常不具有强迫性，更多表现为将造趣的追求发展为通过自己的奇思妙想，让生活中的一切事物朝着更加良好的方向发展，通过形成有创造性的实用构想以有效地改善生活。

一般：喜玩者。他们的冲动开始具有一定的强迫性，更多表现为将对造趣的追求发展为不断寻找有意思的事物，在玩乐中创造有意思的状态，以此让他们迅速投入自己感兴趣的事物，感到渐渐无聊后再尝试其他事物。正是这种对新鲜事物的追求和期待，让他们常常处于过度活跃的兴奋状态。

扭曲：上瘾者。他们的冲动基本已经完全失控，处于强迫状态，更多表现为对于造趣的非理性要求，对任何一点没有新奇有趣的状态都是难以忍受的，开始产生病态倾向，对心理健康的损害比较严重。这种状态下比较容易形成饮鸩止渴的上瘾，会对引起他们快乐的事物产生强迫性的上瘾，即便这些事物对自己有所危害，依旧因为追求造趣而无法自拔、沉溺其中。

人格运作对生活的影响

个人与情绪困扰

无聊和烦躁。过于渴望趣味反而让 7 号人格类型的人常感到无聊，这种无聊持续一段时间之后，他们会开始变得越来越烦躁。

束缚和痛苦。生命中存在许多难以实现自由的时刻，这会让 7 号人格的人感到束缚，这种状态会让他们感到越来越痛苦。

两极和波动。充满期待时无比兴奋，现实与期待的落差又带来沮丧，7 号人格类型的人常在这两极中变换，使得他们的情绪像过山车一样。

人际与家庭生活

跳跃和完整。7 号人格类型的人的思维跳跃很容易和别人的完整发生冲突，他们觉得别人说话很全面冗长，别人又会觉得他们没法好好说完一件事。

自由和规则。7 号人格类型的人的自由很容易和别人的规则发生冲突，他们觉得别人总是在限制他们，别人又会觉得他们是规矩破坏者。

随心和责任。7 号人格类型的人的随心很容易和别人的责任发生冲突，他们觉得别人总在妨碍自己随心，别人又会觉得他们不够负责。

天赋与职业优势

创新能力。创新会带来新的可能，因而时常会带来新的局面，7 号人格类型的人常会有各种奇思妙想。

发散式思考。发散式思考能够带来多元、丰富的思考，从而跳出局限的思路，这是 7 号人格类型的人最常使用的思维方式。

迅速建立关系。快速拉近距离、打开心扉能够增进亲近感，基于好感的沟通会变得更加顺畅，7 号人格类型的人非常擅长于此。

人格觉察和提升练习

随着人格运作阶段的不同，进行觉察和调整的难度也有所不同，因此我们按照从易到难、循序渐进的模式设计了一系列的觉察和提升练习，有助于更加有效地提升人格。

行动阶段

觉察点（本阶段人格运作的核心线索）：直浅思维、直抒胸臆

当 7 号人格类型的人开始思维跳跃，或者对其他人口无遮拦时，说明其人格运作到了行动阶段，马上就要开始以未经深思熟虑的想法（直浅思维）或者未经措辞的话语（直抒胸臆）的行动，此时需要对行动内容进行调整，才能够避免造成损害。

提升方法：三思而后行

7 号人格类型的人的默认行动状态常常是直接不经思考的，所以容易持续做出冲动的行为，没有考虑更多重要因素。因此，他们需要学会行动前思考更适合的行动方案，通过推演更适合的解决方案，帮助他们行动更有效。

练习

每天早上提醒自己：今天要觉察自己直浅思维和直抒胸臆的时刻。在觉察到这些时刻之后，练习三思而后行——我现在的想法和行动计划怎么样还能够更好？我想要说的意思如何表达才能够更好？然后再去行动。晚上总结这一天出现了多少次这样的冲动，有多少次有意识地成功调整了自己的行动方式。

体验阶段

觉察点（本阶段人格运作的核心线索）：急迫的即时满足状态

当 7 号人格类型的人感到急迫想要获得满足时，说明其人格运

作到了体验阶段，他们开始将注意力放在自己期待实现的事物上。如果在这个阶段不加干预就很容易发展到行动阶段，因此需要即时进行调整。

提升方法：放缓的延迟满足状态

这个练习需要在发现自己处于急迫的即时满足状态时，通过冷处理和热处理练习调整自己进入延迟满足状态。冷处理就是让自己先搁置这个冲动，热处理则是找到可以帮助自己放下这个冲动的其他活动。练习需要循序渐进：先练习处理不那么强烈的冲动，等能力提升之后，再逐步处理更加强烈的即时满足冲动。

练习

每天早上提醒自己：今天要觉察自己处于急迫的即时满足状态的时刻。在觉察到这些时刻之后，练习回归放缓的延迟满足状态。晚上总结这一天出现了多少次这样的时刻，有多少次有意识地让自己成功实现放缓的延迟满足状态。

触发阶段

觉察点：过度美化的预期

过度美化预期是 7 号人格类型的人触发阶段的核心原因，他们过度美化将要体验的未来事物，进而产生强烈的期待。一旦减少过度美化的预期，就能最大限度地转变他们人格中固化的急迫想要快速实现预期体验的思维模式，进而与更加质朴的现实经验相接触，而不是停留在对未来体验的美好幻想中。

提升方法：让预期变得完整（积极可能、消极可能和现实可能）

在过度美化的预期的驱使下，7 号人格类型的人必然只能看到美化过的未来。这时只能看到事物发展的美好可能性，而不是现实可能发展的样子。只有学会多注意基于现实的完整预期（积极可能、消极可能和现实可能），更全面看待事物发展，看到更加真实的未来发展可能性，才能避免在预期和失落中不断循环。

练习

回忆自己之前有过的现实、完整的预期状态——当不过度美化预期、完整看待事物发展的三种可能状态（积极可能、消极可能和现实可能）时是一种什么样的体验？是什么让自己能够做到这种状态？做什么能够帮助自己回到那种状态？每天早上提醒自己：今天要注意自己过度美化预期的时刻。在觉察到这些时刻之后，练习回到完整的预期状态——不过度想象事物发展的积极可能，完整地看待整个事物发展的状态。晚上总结这一天出现了多少次这样的时刻，有多少次通过有意识地调整，让自己成功回到完整的预期状态。

第 13 章

8号突破型：突破一切障碍，一往直前

人格运作模式

关于一往直前和畅快感

> 谁都希望自己不被任何障碍阻挡。

在我们追逐梦想的路上，常常会遇到许多障碍。要想继续前进，就要突破这些障碍。当我们突破障碍的时候就会产生畅快感，让我们一往直前。

我们不仅需要通过各种办法突破障碍，还需要有强大的力量来突破障碍，这需要勇气的支持。克服人生中的艰难险阻并不容易，需要鼓起勇气实施有效的行动，而不是裹足不前、原地踏步。即便拥有勇气，也未必就能突破艰难险阻，还需要持续斗争，即绝不妥协——这是一种生命态度，一种永不向困难屈服的状态，一种破釜沉舟的决心。

因此，对于突破感的追求，让人们拥有了一系列实现手段——比如，拥有勇气、使用强力手段和绝不妥协的状态等。

当感觉遇到障碍时，你会通过什么方式创造畅快感？如何面对和处理停滞不前？如果无法处理会有什么影响？在形成畅快感之后，会有什么状态的变化,对生活有什么影响?你应该可以感觉到畅快感对于我们的生活有多么重要,同时也能够理解获得畅快感的过程。

因此,个体如果因为渴望畅快感而想要通过个人努力提高突破障碍的程度,当这种期待被打破时就会产生情绪,并产生通过更加努力实现一往直前状态的冲动,这就是 8 号突破型人格类型(以下简称为"8 号人格")形成的心理机制基础。

8 号人格运作过程

我要让生活一往直前!

人格运作模型

8 号人格运作模型见图 13–1。

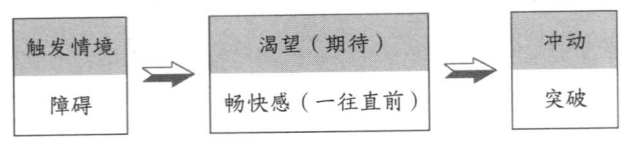

触发情境	渴望(期待)	冲动
障碍	畅快感(一往直前)	突破

图 13–1 8 号人格运作模型

8 号人格类型的人强烈渴望畅快感,即想要让自己持续体验一往直前的状态,这种状态被他们视为自己要努力获取的状态。当他们发现现实生活中存在障碍(即生命中的某个进程遇到障碍因而停滞不前)时,他们就会感觉非常不舒服,希望改变这种情况以让自己回到舒服的状态。当他们感到障碍时,就会产生想要突破的强烈冲动,这种冲动不断增强,就会促使他们做出一系列突破的行动。

关于识别障碍

从现实情况到心理情境的识别过程非常个体化,并不存在某种现实情况一定会被识别为某种心理情境的对应关系。因此,并不存在一定会被 8 号人格的人识别为障碍的情况,只有概率大小之分,而且还要看实际的情境。比如，对于大多数人可能不会认为是障碍的情境（如自己请客时，对方表示拒绝；朋友不听自己的建议、对方不收自己送的东西等），也可能被识别为障碍；而对于大多数人可能认为是障碍的情境（如拍戏中一个非常有危险的动作、销售时难以搞定的客户）等，可能不会被识别为"障碍"。

因此，对于"障碍"的认定，我们不能用自己的看法来主观认定，而是要根据每个个体心理信念系统对障碍的规则来认定。

关于情境和冲动

表 13-1 是关于情境和冲动的不完全列举，都较为典型。不过，即使存在下述情况，也不能判断一个人一定是 8 号人格。

表 13-1　　　　　　　　　8 号人格的情境和冲动

冲动论（人格过程）		特质论（人格样貌）	
被识别为障碍的触发情境	可能产生的突破的冲动	形象/特质论人格特征的来源	外号或评价
· 做事遇到困难 · 对抗状态 · 对自己的劝阻 · 别人的犹豫不决	· 打倒困难 · 斗争到底 · 坚守自己的决定 · 强力推动	· 力量强劲 · 率真直爽，喜欢直言不讳 · 干脆利索，不拖泥带水 · 暴脾气，容易暴怒	· 火药桶 · "大哥大"/"大姐大" · 为人仗义 · 猛虎

专栏：体现 8 号人格运作的事例

案例 1：我特别讨厌磨叽，每当这样我就想推进

事件

A 说凡事就应该痛快点。比如，如果请客时对方犹豫不决，A 就很不开心，来或不来都行，但得痛快点。在合作中，A 受不

了伙伴思前想后，希望伙伴能够果断做出决定。在表态、提行动方案等事件中，如果遇到很磨叽的状态，他就想立刻推进。

心理过程解析

A 希望获得一往直前的突破感，在本事件中体现为想要推进陷入泥泞状态中的事情。A 特别受不了磨叽的状态，想痛痛快快的。

总结

本事件中，A 对于获得一往直前的突破感的渴望具体表达为：（1）推进处于泥泞状态的事情；（2）具体包括在想法、表达、行动方案等事情上磨叽、犹豫不决、思前想后的状态。

案例 2：每当遇到难以接受的阻碍，我都会爆炸，想要搞爆破

事件

B 讨厌阻碍，有时甚至难以接受有些阻碍。这时，B 就会立刻变身火药桶，随时可能爆炸。比如，如果听到某位朋友受到不公待遇，B 马上就会爆炸，想替朋友出头。看到有人欺负弱小，他也一定会路见不平、拔刀相助。B 绝对不能接受有人无端攻击自己，否则一定会火力全开地攻击回去，甚至会大打出手。遇到这些难以接受的事，B 觉得必须爆破掉才会觉得舒服。

心理过程解析

B 渴望的获得一往直前的突破感是爆破掉那些让自己难以接受的阻碍，因此 B 在生活中遇到难以接受的事会立刻暴怒，然后向那些让自己暴怒的事物发起爆破性攻击。

总结

本事件中，B 对于获得无阻直前的突破感具体表达为：（1）爆

> 破掉那些让自己难以接受的阻碍；（2）具体包括听说某个朋友遇到了不公待遇、看到有人欺负弱小、被无端攻击等。

区分人格、一般心理过程和习得冲动模式

> 我只在最重要的事情上争取突破，在其他时候往往不会这样做。

区分人格心理过程与一般心理过程

即使一个人因没有达到一往直前而产生情绪，也不能说他就是8号人格。因为所有人都有过因没有达到一往直前而产生情绪的经历，所以不能说每个人都是8号人格。这种心理机制必须属于人格支配的心理过程才是人格心理过程，为了区分8号人格的心理过程和一般心理过程对突破的追求，我们列出8号人格的心理过程的三个特点，如下所示。

- **非必要性**（**在不必要的小事上也存在**）。不仅仅在有必要维持一往直前的事情上或重要的事情上这样要求自己，而且在许多没有必要的小事上也这样要求自己。比如，得一口喝光一杯酒、买东西得迅速果断、聊天不要绕弯等。
- **普遍性**（**泛化到生活的方方面面**）。如果仅在单一的情境中拥有追求一往直前的心理过程（如在与自己最核心人生诉求有关的事上追求一往直前，但在除此以外的其他事情上，并不要求一往直前），那么这就不是人格过程，因为不具有普遍性。
- **失控性**（**强迫地出现情境失调**）。现实生活的场景并不要求一往直前，这个时候一往直前也并不是最重要的，但是8号人格的人却因为自己渴望一往直前而忽视了现实的实际需求，导致出现情境失调现象——在非一往直前更好的环境中依然要求一往直前，比如知道在做事的节奏上慢一点会有更好的效果，但是还是忍不

住想要用强力的方式推动事件发展。

因此，8号人格类型的人的心理过程实际上指的是：在生活的方方面面（从小到大、各个领域）都存在的、特别是在许多非必要的小事上强迫性地维持畅快感的渴望和突破的冲动。即便这种冲动和现实情境需求不一致，也会因情绪过于强烈而常常表现出情绪失控行为，即过分教条地坚持畅快感和突破。

一些很像8号人格的习得冲动模式比日常心理过程更容易被错误地认为是人格心理过程。当然，借助上面的三个特点的区分，也能找到人格心理过程。以下列出的习得冲动模式和可能的来源，能让你更容易思考和分辨：

- 强有力的心灵——很多是源于童年多方面的心理滋养；
- 非常坚强——很多是源于生活的磨炼；
- 喜欢想各种办法克服困难——很多是源于职业训练和个人锻炼；
- 说话声音很大——很多是源于生理条件和发声方法；
- 追求力量——很多是源于文化、观念。

人格运作的信号

如果你能够充分理解"人格运作模式"小节的全部内容，并经过自我觉察后觉得自己很可能是8号人格，那么下面这些内容可以帮助你在日常生活中更好地觉察人格心理过程运作的瞬间。

内在-觉察信号

觉察信号就是人格心理运作过程的体验痕迹，自己出现了什么样的感觉就常常意味着人格被触发或者正在运作呢？

- 隐约感觉到我想推进这个情况；
- 全神贯注于阻碍自己的事物中；

- 沉浸在各种突破阻碍的冲动中；
- 忽略深思熟虑时；
- 感到愤怒时想要立即做点什么；
- 因无法突破当前的状态而不爽；
- 感觉别人阻碍了自己前进的脚步。

外在 – 观察线索

观察线索就是人格心理运作过程的表达痕迹，对方表现出什么样的线索就常常意味着人格被触发或者正在运作呢？

- 表情变得怒气冲冲；
- 语气变得强有力；
- 身体变得要爆炸的姿态；
- 语言表达为"我想……这样才畅快"；
- 倾向于以个人意志为标准判断事物；
- 因过度追求推进事物而影响关系相处。

多种表达

本能类型

自我保存本能（实际生活）：快意人生者

他们的人格心理过程更多地体现在实际生活中一往直前，比如足够爽快地花钱、可以尽情吃东西、空间足够大以充分伸展等，因此他们在这些方面投入了大量的精力。最常见的是注重人生的痛快程度，过分追求实际生活中一往直前的，形成人生无时无刻痛快的状态，这让他们有安全感。他们可能让自己拥有的事物够多、够大，以保障自己可以体验到足够的痛快。他们希望自己能够拥有足够痛快的生活，这是他们安全感的基础。

性本能（亲密生活）：协同战斗者

他们的人格心理过程更多地体现为共同探索亲密生活中的可能障碍，比如能否共同与困难战斗、对方能否果断决策、彼此是否会阻碍对方前进的脚步等。最常见的是作为战友一起战斗，希望和亲密关系对象一起并肩面对阻碍并抗争，进而促进关系提升，从而感到深入的"联结感"。他们很愿意和亲密关系对象一起提升战斗能力，共同变得更加强大，面对阻碍时可以一起突破。他们希望自己和亲密关系对象一起渡过难关，这是他们联结感的基础。

群向本能（社群生活）：势态推动者

他们的人格心理过程更多地体现为探索在社群生活中可能障碍，如社群的某种势态是否停滞、成员们对于势态的作用、社群领导者是否有推进势态发展的决心等。最常见的是注重社群发展势态，希望所在的社群能够持续前进，不会被任何情况阻碍，这会让他们感到稳定的归属感。在社群生活中，他们不断推动社群成员前进，希望通过给社群勇气和力量，持续地鼓舞和推动每个成员不断前进，以推动社群整体持续发展。他们希望社群持续发展和前进，这是他们归属感的基础。

表达倾向

直接表达：豪爽直言者。他们更加倾向于直接表达自己的人格冲动，在生活中的大事小情中都会去表达自己对畅快感的渴望和突破的冲动，因此会被他人感知到在每件事都追求畅快感，他们希望大家都可以直接爽快。

选择表达：亲朋仗义者。他们因为不清楚当下的情境是否应该表达自己的人格冲动而比较纠结，从而放弃表达许多小的突破冲动，保留对重要的突破冲动的表达。他们会首先判断这个情境是否适合表达、适合什么样的表达，再根据情境选择表达冲动的方式。

压抑表达：独抗困难者。他们不喜欢表达自己的人格冲动，特别是关于他人的人格冲动被压抑了，由第二心理反应所替代。然而，他们会表达关于自己的部分，会在与自己有关的大事小情上努力追求实现突破，努力独立地去突破生活中的阻碍，实现一往直前的生活。

心智成熟度

完善：勇敢者。他们的冲动往往不具有强迫性，更多表现为对突破的追求发展为通过自己的勇气和力量，让生活中的一切困难都被有效面对和处理。这种状态下比较容易形成直面困难的决心，在与困难抗争的过程中变得更加强大。

一般：强力者。他们的冲动开始具有一定的强迫性，更多表现为将对突破的追求发展为面对事物的受阻，就想要用强有力的方式推进的状态。这种状态让他们会在受到阻碍时感受到像是爆炸，也会因此采用爆破性的手段去对待阻碍自己的事物。正是因为这种爆破性的手段，常常让别人对他们有所畏惧。

扭曲：暴力者。他们的冲动基本失控，处于强迫状态，更多表现为将对突破的非理性要求，任何一点的没有一往直前的状态都是难以忍受的，并开始产生病态倾向，对心理健康的损害比较严重。这种状态下比较容易形成手段恶劣的暴力，对认为是阻碍的人、事、物进行破坏，即便产生严重的危害，对突破的强迫性追求依旧会驱使自己这样行动。

人格运作对生活的影响

个人与情绪困扰

愤怒和爆炸。8号人格类型的人会因为受到阻碍而感到愤怒,当这种阻碍变得愈发强烈时,他们会变得特别想要爆炸以炸开阻碍。

冲动和失控。8号人格类型的人会因为渴望畅快而常引发冲动状态,随着渴望的增强,冲动也会随之增强,导致越来越容易失控。

过度和透支。8号人格类型的人追求畅快常会忽视实际能力,因而常常处于过度的无节制状态,这会让他们各方面都被严重透支。

人际与家庭生活

直接和委婉。8号人格类型的人的直接很容易和别人委婉发生冲突,他们觉得别人过于磨叽,别人又会觉得他们的直接很伤人。

强力和柔和。8号人格类型的人的强力很容易和别人的柔和发生冲突,他们觉得别人过于柔弱无力,别人又会觉得他们横冲直撞、缺乏策略。

行动和筹划。8号人格类型的人的行动很容易和别人的筹划发生冲突,他们觉得别人想的都是没用的,别人又会觉得他们蛮干。

天赋与职业优势

推进能力。推进是让现实情况发展的途径,只有不断地前行才能够走向愿景,这是8号人格类型的人的看家本领。

拓展性行动。探索才能够发现新的解决方式,而这需要克服对未知的恐惧,8号人格类型的人喜欢突破阻碍因而善于此。

容易获得信服。让人信服是领导力的核心,这需要拥有勇气和直接真诚,此两点都是8号人格类型的人所具有的心理能力。

人格觉察和提升练习

随着人格运作阶段的不同，进行觉察和调整的难度也有所不同，因此我们按照从易到难、循序渐进的模式设计了一系列的觉察和提升练习，有助于更加有效地提升人格。

行动阶段

觉察点（本阶段人格运作的核心线索）：直接冲动、进行对抗

当8号人格类型的人产生直接冲动，或者开始对其他人进行对抗时，说明其人格运作到了行动阶段，马上就要做出以某种强烈的不考虑后果的方式（直接冲动）或者在情绪驱使下的对抗沟通（进行对抗）的行动了，此时需要对行动的内容进行调整，才能够避免造成损害。

提升方法：将良好后果纳入行动方案

8号人格类型的人的默认行动状态常常是强力的冲破，这很容易让他们做出冲动的行为，其本质是在赌结果的好坏。因此，他们需要学会练习行动前思考如何行动能有较好的效果，通过对良好结果的考量加入行动方案，帮助他们行动更有效。

练习

每天早上提醒自己：今天要觉察自己直接冲动和进行对抗的时刻。在觉察到这些时刻之后，练习将良好后果纳入行动方案——我现在的行动计划怎么样还能够更好？我们的沟通采用何种方式才能够更好？然后再去行动。晚上总结这一天出现了多少次这样的冲动，有多少次有意识地成功调整了自己的行动方式。

体验阶段

觉察点（本阶段人格运作的核心线索）：强烈的爆炸

当 8 号人格类型的人感觉到强烈的爆炸时，说明其人格运作到了体验阶段，他们开始将注意力放在阻碍自己前进的事物上。如果在这个阶段不加干预就很容易发展到行动阶段，因此需要即时进行调整。

提升方法：舒缓平复

这个练习需要在发现自己处于强烈的爆炸状态的时候，练习调整自己进入到舒缓平复状态中去，可以练习先隔离后平复，在第一时间和引起自己爆炸的事物隔离开，然后通过深呼吸、放松、听舒缓音乐、间隔一段时间等方式让自己平复下来。这个练习需要循序渐进——先练习处理不那么强烈的爆炸，等到自己的能力提升之后，再逐步处理更加强烈的爆炸。

练习

每天早上提醒自己：今天要觉察自己处于强烈的爆炸的时刻。在觉察到这些时刻之后，练习先隔离后平复并进入舒缓平复的状态。晚上总结这一天出现了多少次这样的时刻，有多少次有意识地成功让自己实现了舒缓平复状态。

触发阶段

觉察点：强烈的个人意志

8 号人格类型的人拥有强烈的个人意志是触发阶段的核心原因，他们强烈希望事物按照个人意志去发展，否则就是被阻碍。如果能够减少强烈的个人意志，就能够最大限度地转变他们固化的希望事物按照个人意志发展的思维模式，让他们与更加贴近自然规律的现实经验相接触，而不是只停留在自己对事物发展的个人认识中。

提升方法：将个人意志与现实规律相协调（顺其自然、依道而行）

在强烈的个人意志的驱使下，8 号人格类型的人会专注于现实能否向着个人意志的方向发展，必然会将个人想法强加到现实情境中。这时只能看到个人想法中事物发展的样子，而看不到事物按照其本身的规律发展的轨迹。只有学会多注意事物基于现实规律的发展轨迹，让自己的个人意志与相识规律相协调。允许事物按照其本身规律去发展的状态，就可以避免个人意志对现实规律的揠苗助长了。

练习

回忆自己之前的顺其自然、依道而行的状态——当不过度要求事物按照个人意志去发展时是一种什么样的体验？是什么让你能够做到这个状态？做什么能够帮助你回到那种状态？每天早上提醒自己：今天要注意强烈的个人意志的时刻。在觉察到这些时刻之后，练习回到依道而行状态——不过度要求事物按照个人意志去发展，允许事物按照其本身规律去发展的状态。晚上总结这一天出现了多少次这样的时刻，有多少次通过有意识地调整，让自己成功回到依道而行的状态。

第14章

9号平静型：远离烦扰，享受心灵的宁静

人格运作模式

关于心灵安宁和平静感

谁都希望可以让自己的心灵不被烦扰。

每个人在生活中都会遇到各种各样的事情，并会因为一些事情而感到烦恼。我们希望生活可以无忧无虑、毫无烦恼，这就是我们对于平静感的渴望，一种对于心灵安宁状态的期冀。当我们拥有安宁的心灵时，会体验到强烈的幸福感，惬意地享受人生是一种非常美妙的状态。

如何让自己获得安宁的心灵呢？这需要在面对各种烦扰时，借助一系列的办法可以摆脱烦扰对自己心灵的影响。当所有的烦扰都可以消除时，我们就回归到心灵的安宁状态。

想要最大限度地减少烦扰，最需要的不是处理烦扰，而是尽量少制造烦扰。这需要了解事物运行的规律，尽量不违背事物运行的规律去做事，就会尽可能地减少烦扰的出现。即便能够尽量按照事物运行的规律去生活，也未必就没有烦扰的存在，这时就需要处理烦扰。

处理烦扰并不是越快越好，有些烦扰很简单、很容易处理，但是

有些烦扰比较复杂，不是一下子就能处理好的，这时就需要根据事物运行的规律循序渐进地处理。还有些难以处理的烦扰，人虽然能够改变生活，但还是有许多局限性。面对那些难以处理的烦扰，这时就需要先和那些烦扰和平相处，尽量找一些事情让自己不被烦扰侵袭。过一段时间，这些烦扰可能会消失或者变得容易处理了，也可能一直存在着。总之，需要找到办法去尽量避免烦扰对自己生活的影响。因此，我们可以发现有一系列实现手段来实现对平静感的追求，比如遵循事物运行规律生活、循序渐进的处理问题、做一些事情以尽量避免烦扰影响等。

试着去回答这些问题，当你感觉到心灵受到烦扰的侵袭时，会运用什么方式来让自己回归平静感？你如何面对和处理让你烦扰的问题？如果无法处理会有什么影响？在你能够形成比较好的平静感之后，会出现什么状态的变化，对生活有什么影响？你应该可以感觉到出现平静感对于我们的生活有多么重要，同时也能够理解获得平静感的过程。

因此，个体如果因为渴望平静感而想要通过个人努力提高心灵的安宁程度，当这种期待被打破时就会产生情绪，并产生一种通过更加努力实现心灵宁静状态的冲动，这就是9号平静型人格类型（以下简称为"9号人格"）形成的心理机制基础。

9号人格运作过程

> 我要让心灵回归平静！

人格运作模型

9号人格运作模型见图14–1。

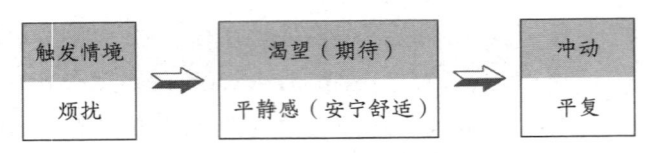

```
触发情境        渴望（期待）       冲动
  烦扰     ⇒  平静感（安宁舒适） ⇒  平复
```

图 14-1　9 号人格运作模型

9号人格类型的人强烈渴望平静感，即想让自己持续体验安宁舒适的状态，这种状态被他们视为自己要努力获取的状态。当他们发现现实生活中存在烦扰（即生命中存在某种状况打扰了自己心灵的安宁）时，他们就会感觉非常不舒服，希望改变这种情况以让自己回到舒服的状态。当他们感觉到烦扰时，就会产生想要进行平复的强烈冲动，这种冲动不断增强，就会产生一系列平复的行动。

关于识别烦扰

从现实情况到心理情境的识别过程非常个体化，并不存在某种现实情况一定会被识别为某种心理情境的对应关系。因此，并不存在一定会被9号人格类型的人识别为烦扰的情况，只有概率大小之分，而且还要看实际的情境。比如，对于大多数人可能不会觉得是烦扰的情境（如临时接到工作任务、好朋友突然邀请逛街、亲友好心推动自己做某件事等），也可能被认定为烦扰；而对于大多数人可能觉得是烦扰的情境（如需要较长时间解决的问题、一些难以改变的生活困境、单调重复的工作等），也可能不会被认定为烦扰。

因此，对于"烦扰"的认定，我们不能用自己的看法来主观认定，而是要根据每个个体心理信念系统对于烦扰的规则来认定。

关于情境和冲动

表 14-1 是关于 9 号人格的情境和冲动的不完全列举，都较为典型。不过，即使存在下述情况，也不能据此判断一个人一定是 9 号人格。

第二部分 九种人格冲动

表 14-1　　　　　　　　　　　9 号人格的情境和冲动

冲动论（人格过程）		特质论（人格样貌）	
被识别为烦扰的触发情境	可能产生的平复冲动	形象/特质论人格特征的来源	外号或评价
• 面对较大的压力 • 冲突状态 • 突发事件 • 烦心事	• 回避和远离 • 迁就调和 • 拖延和自我调整 • 转移注意力	• 远离纷争，喜好和谐氛围 • 心境起伏较平稳 • 倾向于迁就和应和 • 遇到问题容易拖延	• 和事佬 • 惰性气体 • 好脾气 • 慢条斯理

专栏：体现 9 号人格运作的事例

案例 1：即使面对特别急迫的事，我也需要先恢复平静才能处理这些事情

事件

无论面对多大、多急的事，A 都要保持自己的节奏，否则就无法处理好这件事。比如，某人特别着急地让 A 处理其要求，这让 A 很有压力，于是 A 让他到旁边等着，直至 A 恢复状态才处理这件事。还有一次，A 正在做事时，她丈夫一直在旁边催，这让 A 觉得很焦虑，没有办法集中注意力做事，直到后来丈夫离开了 A 才慢慢感觉好点了，终于把这件事做完。此外，如果对方跟自己谈事情时不能心平气和，A 就不想继续，希望尽快终止谈话，等对方平静的时候再聊。

心理过程解析

A 希望可以获得安宁舒适的平静感，在本事件中体现为需要在恢复平静感的状态后处理事情。如果 A 的节奏被破坏，就无法很好地处理事情，需要先想办法恢复平静，才能有效处理问题。

总结

本事件中，A 对于获得安宁舒适的平静感具体表达为：（1）在处理问题之前，需要恢复平静；（2）具体包括让着急推动自己的人在旁边等、等催促自己的丈夫离开后才能完成事情、需要对方心平气和地聊事情等。

案例 2：如果可能要发生冲突，我总会尽力去避免或者调和

事件

B 常常充当调解员的角色，即便有时他并不想，但又不得不充当这个角色。比如，当 B 的两个朋友因为一点事吵起来时，B 特别想让他们回归平静，于是帮助调和。又如，朋友和 B 的观点发生分歧，但是 B 担心演变成冲突，那么他会即便内心仍然坚持自己的想法，但是口头上应和了对方，最终避免了冲突。在生活中有很多这样的事，B 也相应有很多方式，比如调和矛盾、应和对方的观点、迁就对方、找到一个彼此都能接受的说法或者方案等，都可以让 B 尽量远离纷争。

心理过程解析

B 渴望获得安宁舒适的平静感是尽量避免冲突以保持平静，因此 B 在感觉到有发生冲突的可能性时，就会尽力避免分歧发展为冲突，因此有一系列有效避免冲突的手段。

总结

本事件中，B 对获得安宁舒适的平静感具体表达为：（1）尽量避免冲突以保持平静；（2）具体包括朋友之间可能会引发吵架、对方和自己的观点发生分歧；（3）避免冲突的常用方法为调和矛盾、应和对方的观点、迁就对方、找到一个大家都能接受的说法或者方案等。

区分人格、一般心理过程和习得冲动模式

> 我只在某些时刻想要让自己维持平静状态，在其他时候往往不是这样的。

区分人格心理过程与一般心理过程

即使一个人因没有达到安宁舒适而产生情绪，也不能说他就是9号人格。因为所有人都有过且没有达到安宁舒适而产生情绪的经历，所以不能说每个人都是9号人格类型。心理机制必须属于人格支配的心理过程才是人格心理过程，为了区分9号人格的心理过程和一般心理过程对平复的追求，我们列出9号人格的心理过程三个特点，如下所示。

- **非必要性（在不必要的小事上也存在）**。不仅仅在有必要维持安宁舒适的事情上或重要的事情上这样要求自己，而且在许多没有必要的小事上也这样要求自己，比如，聊天时是否说话声音很大、亲戚朋友拜访是否在之前约好、商量事情时是否心平气和等。
- **普遍性（泛化到生活的方方面面）**。如果仅在单一的情境中拥有追求安宁舒适的心理过程（如在与自己最核心人生诉求有关的事上追求安宁舒适，但在除此以外的其他事情上，并不要求安宁舒适），那么这就不是人格过程，因为不具有普遍性。
- **失控性（强迫地出现情境失调）**。现实生活的场景并不要求安宁舒适，这个时候安宁舒适也并不是最重要的，但是9号人格的人却因为自己渴望安宁舒适而忽视了现实的实际需求，导致出现情境失调现象——在非安宁舒适更好的环境中依然要求安宁舒适，比如知道在一些重要的事上，更加强力的处理方式会有更好的效果，但是忍不住用相对平稳温和的方式去处理。

因此，9号人格类型的心理过程实际上指的是：在生活的方方面面（从小到大、各个领域）都存在的、特别是在许多非必要的小事上强迫性地维持平静感的渴望和平复的冲动。即便这种冲动和现实情境需求不一致，也会因情绪过于强烈而常常表现出情绪失控行为——过分教条地坚持平静感和平复。

一些很像9号人格的习得冲动模式会比日常心理过程更容易被错误地认为是人格心理过程。当然，借助上面的三个特点进行区分，也能找到人格心理过程。以下列出的习得冲动模式和可能的来源，能让你更容易去思考和分辨：

- 喜欢安静的环境——很多是源于童年家庭氛围；
- 情绪稳定——很多是源于个人成长；
- 善于调和关系——很多是源于个人沟通技能的训练；
- 脾气好——很多是源于个人观念；
- 追求遵循规律地做事——很多是源于文化、哲学思想。

人格运作的信号

如果你能够充分理解"人格运作模式"小节的全部内容，并经过自我觉察后觉得自己很可能是9号人格，那么下面这些内容可以帮助你在日常生活中更好地觉察人格心理过程运作的瞬间。

内在－觉察信号

觉察信号就是人格心理运作过程的体验痕迹，自己出现了什么样的感觉常常意味着人格被触发或者正在运作呢？

- 隐约感觉我想要平复一下；
- 全神贯注于帮助自己回归平静的事物中；
- 沉浸在各种分散注意的冲动中；

- 忽略扰乱自己事物的重要性时；
- 感到烦躁想要立刻远离时；
- 因无法脱离当前的烦扰而郁闷；
- 感觉别人打扰了自己。

外在 – 观察线索

观察线索就是人格心理运作过程的表达痕迹，对方表现出什么样的线索就常常意味着人格被触发或者正在运作呢？

- 表情变得失去神采；
- 语气变得应付或不耐烦；
- 身体变得散漫、停滞；
- 语言表达为"我想……这样会更舒服一点"；
- 倾向于以心灵舒适度为标准判断事物；
- 因过度追求回避压力而影响关系相处。

多种表达

本能类型

自我保存本能（实际生活）：舒适享受者

他们的人格心理过程更多地体现在安宁舒适的实际生活中，比如自己的独立空间是否不被打扰、生活环境是否足够舒适和放松、同处的人是否比较安静等这些方面的平静感，因此在这些方面投入大量的精力。最常表现为注重生活的舒适程度，过分追求安宁舒适，希望人生时时刻刻都能享受舒服的状态，这让他们有安全感。他们通过尽量少接触让自己烦恼的人、事、物，让自己的生活尽可能趋于简单、轻松，以保障体验足够的舒适。他们希望拥有足够舒适的生活，这是他们安全感的基础。

性本能（亲密生活）：共享轻松者

他们的人格心理过程更多地体现为共同维护亲密生活中的安宁舒适，比如共同探索彼此关系的轻松状态、是否会相互打扰、如何共同创造轻松愉快等方面。最常见的是共同维持轻松状态，和亲密关系对象一起维护相处时的轻松状态，通过一起松弛地做事、玩乐，感觉到深入的联结感。他们非常想和亲密关系对象一起无忧无虑松弛地做事，共享松弛的时光，以此来创造幸福的感受。他们希望和亲密关系对象一起享受轻松的状态，这是他们联结感的基础。

群向本能（社群生活）：维稳调和者

他们的人格心理过程更多地体现在与社群生活有关的安宁舒适中，比如群体的氛围是否和谐、是否存在不宁静的因素、如何调和差异导致的冲突等。最常见的是注重群体的和谐状态，希望自己所在的社群一直处于和谐的状态中，不会被任何情况扰乱，这会让他们感到稳定的归属感。他们会不断调和社群生活中的冲突，希望通过降低冲突推动社群整体和谐的持续。他们希望社群能够持续处于和谐状态中，这是他们归属感的基础。

表达倾向

直接表达：主动调和者。他们更加倾向于直接表达自己的人格冲动，在生活中的大事小情中都会去表达自己对平静感的渴望和平复的冲动，因此会被他人感知到在每件事上都追求平静感，他们希望大家都可以保持平静。

选择表达：关系迁就者。他们因为不清楚当下的情境是否应该表达自己的人格冲动而比较纠结，从而放弃表达许多小的平复冲动，保留重要的平复冲动的表达。他们会首先判断这个情境是否适合表达、适合什么样的表达,再根据情境去选择表达冲动的方式。

压抑表达:心软让步者。他们不喜欢表达自己的人格冲动,特别是关于他人的人格冲动被压抑了,由第二心理反应所替代。然而,他们关于自己的部分会被表达,会在与自己有关的大事小情上努力追求实现平复,努力独立地避免扰乱生活,保持安宁舒适。

心智成熟度

完善:顺道者。他们的冲动通常不具有强迫性,更多表现为将对于平复的追求发展为通过自己对"道"(规律)的掌握,让生活中的一切都符合既存规律。这比较容易让事物更加符合自然发展,并因此让人的意志以最合适的方式干预自然事物的发展。

一般:平和者。他们的冲动开始具有一定的强迫性,更多表现为将对平复的追求发展为想要回避面对扰乱。这让他们感到烦躁并尽力避开会让自己烦躁的事物。也正是因为这种强烈渴望回避扰乱的状态,让别人觉得他们难以推动。

扭曲:认命者。他们的冲动基本已经完全失控,处于强迫状态,更多表现为对于平复的非理性要求,任何一点的没有安宁舒适的状态都是难以忍受的,开始产生病态倾向,对心理健康的损害比较严重。这容易形成彻底逃避现实的状况,即彻底忽视导致不舒适的现实状况以获取内心的平静,即便这样会产生严重的危害,强迫性追求平复依旧驱使自己这样行动。

人格运作对生活的影响

个人与情绪困扰

被迫和烦躁。9号人格类型的人喜欢的平静状态常常会被别人的要求破坏，因而感觉到被迫，长时间无法消除就会使他们感到强烈的烦躁。

抗拒和怠惰。维持平静会让9号人格类型的人对现实波动产生抗拒的感受，他们不喜欢变化，随着时间的推移会发展成为怠惰的状态。

压力和逃避。9号人格类型的人对于打扰心灵平静的事物都会感觉到压力，面对生活中存在的众多压力，他们常常会感到想要逃避。

人际与家庭生活

松弛和强力。9号人格类型的人的松弛容易和别人的强力发生冲突，他们觉得别人太过于压迫，别人又会觉得他们不上心、不紧不慢。

调和和坚持。9号人格类型的人的调和容易和别人的坚持发生冲突，他们觉得别人太过于较真，别人又会觉得他们没有自己的立场。

界限和关心。9号人格类型的人的界限容易和别人的关系发生冲突，他们觉得别人总是侵入自己的空间，别人又会觉得他们不够交心。

天赋与职业优势

协调能力。协调能力是保障团队和谐的重要基础，团队和谐才能够全力前行，9号人格类型的人常具有非常出色的协调意识和能力。

让人舒服的方式。让人舒服会让人更容易接受所传达的内容，这能够极大地提升沟通效果，这是9号人格类型的人的擅长所在。

亲和。亲和是人际关系的润滑剂，好的人际关系可以让事情变得容易，9号人格类型的人比较擅长以亲和的方式和人打交道。

人格觉察和提升练习

随着人格运作阶段的不同，进行觉察和调整的难度也有所不同，因此我们按照从易到难、循序渐进的模式设计了一系列的觉察和提升练习，有助于更加有效地提升人格。

行动阶段

觉察点（本阶段人格运作的核心线索）：缺乏动力、被动迁就

当 9 号人格类型的人开始缺乏动力，或者对其他人被动迁就时，说明其人格运作已经到了行动阶段，马上要做出以某种不全力投入的方式（缺乏动力）或者被动不表达主观想法的沟通（被动迁就）行动了，此时需要对行动的内容进行调整，才能避免造成损害发生。

提升方法：将主动方式纳入行动方案

9 号人格类型的人的默认行动状态常常是被动的方式，这样很容易让他们被动行动，其本质是在让其他人决定事物的发展走向。因此，他们需要学会练习行动前的思考我该主动做点什么才会有较好的效果，通过把主动方式加入自己的行动方案中，帮助他们行动更有效。

练习

每天早上提醒自己：今天要觉察自己缺乏动力和被动迁就的时刻。在觉察到这些时刻之后，练习将主动方式纳入行动方案——我主动做些什么会能够更好？我们主动地采取什么沟通会能够更好？然后再去行动。晚上总结这一天出现了多少次这样的冲动，有多少次有意识地成功调整了自己的行动方式。

体验阶段

觉察点（本阶段人格运作的核心线索）：强烈的压力感

当 9 号人格类型的人感觉到强烈的压力感时，说明其人格运作到了体验阶段，这种状态会让他们开始将注意力放在让自己有强烈压力感的事物上。如果在这个阶段不加干预就很容易发展到行动阶段，因此需要即时进行调整。

提升方法：找到压力事件的意义，以进入"抗压状态"应对压力

这个练习需要在发现自己处于强烈的压力感状态的时候，练习调整自己找到压力事件的意义，可以练习先找意义，后定策略，即先去寻找应对压力事件能够带来的价值（有什么好处）和意义（这个价值对于我来说有什么重要之处），然后再制定应对压力事件的有效策略，以更好地应对压力事件。这个练习需要循序渐进——先练习处理不那么强烈的压力事件，等到自己的能力提升之后，再逐步处理更加强烈的压力事件。

练习

每天早上提醒自己：今天要觉察自己处于强烈的压力感的时刻。在觉察到这些时刻之后，练习先找意义，后定策略的技能，提升应对压力事件的能力。晚上总结这一天出现了多少次这样的时刻，有多少次有意识地让自己成功进入抗压状态。

触发阶段

觉察点：维持安稳的生活愿景

9 号人格类型的人拥有维持安稳的生活愿景是触发阶段的核心原因，他们强烈希望事情现实按照某种稳定的轨迹发展，否则就是扰乱。如果能够优化维持安稳的生活愿景，就能够最大限度地转变他们固化地希望现实按照某种轨迹稳定发展的思维模式，让他们与更加

变化无常的现实经验相接触，而不是只停留在对事物发展的个人认知中。

提升方法：将变化纳入生活愿景中，接纳变化无常的现实

在维持安稳的生活愿景的驱使下，9号人格的人会专注于现实是否能够按照稳定的轨迹发展，必然会将个人想法强加到现实情境中。这时只能看到事物朝向稳定轨迹发展的样子，而看不到无常变化的真实世界。只有将变化纳入事物的发展轨迹，让自己可以看到事物发展的现实无常，让对生活愿景的认识与世界实际的变化无常相一致，让自己接纳生活中大量存在的变化，才能够不把变化扭曲视为扰乱。

练习

回忆自己之前有过的接纳变化无常的状态——当不过度要求事物按照稳定轨迹去发展是一种什么样的体验？是什么让你能够做到这个状态？做什么能够帮助你回到那种状态？每天早上提醒自己：今天要注意自己有维持安稳的生活愿景的时刻。在觉察到这些时刻之后，练习回到接纳变化无常的状态——不过度要求事物按照稳定轨迹去发展，允许事物按照其自然无常的变化方式去发展的状态。晚上总结这一天出现了多少次这样的时刻，有多少次通过有意识地成功调整，让自己成功回到接纳变化无常的状态。

后 记

从 2013 年 8 月 10 日第一次讲授九型人格至今，已经过去了七年。在这七年中，我对九型人格的认识不断迭代升级，因此在 2018 年底对所教授的课程做了第九次根本性的改版升级。

然而，2018 年以前的课程都是建立在特质论上的九型人格知识。虽然我教授九型人格，却总是因为感到这些知识和现实情况存在某些出入，而对自己讲述的知识不那么满意。直到 2018 年底，我发展出建立在冲动论上的九型人格知识，并相应开发了全然一新的课程内容，这种感觉才有所转变。现在这些知识和现实情况高度吻合，这让我获得了非常强烈的满足感和欣喜。

这次重大升级得到了学员们的高度赞扬，也得到了不少九型人格导师、同仁们的支持，因此萌生了写一本介绍这些研究成果的书籍，这就是本书的"孕育"历程。

从 2019 年开始酝酿到成书，足足经历了两年时间。在本书成书的过程中，真心感谢中国人民大学出版社的编辑郑悠然，她在这个过程中给予我巨大的帮助，她中肯的建议让本书增色许多。

事实上，我并不知道这本书出版后会发生什么，不知道会有多少人对这本书感兴趣，不知道这本书会不会在九型人格领域引起很多争议。虽然伴随着诸多不确定的感受，但在我内心中那些不断涌出的强烈使命感，促使我有勇气和动力最终写完这本书。

我最大的希望是，阅读这本书的读者能获得觉察细微心理过程的能力，并最终获得更强大的驾驭自己的心理的能力，让人生变得更加轻松、自在、幸福。

　　当然，由于我个人的能力有限，无法避免写作中的不足之处，希望得到读者的谅解。

　　最后，祝愿各位生活幸福，一切顺利！